生活因阅读而精彩

生活因阅读而精彩

转念

每个起心动念，都是改变人生的引信

蔡怡璇◎著

Attitude Change Destiny

中国華僑出版社

图书在版编目(CIP)数据

转念:每个起心动念,都是改变人生的引信 / 蔡怡璇著.—北京:中国华侨出版社,2013.7

ISBN 978-7-5113-3794-8

Ⅰ.①转… Ⅱ.①蔡… Ⅲ.①成功心理-通俗读物 Ⅳ.①B848.4-49

中国版本图书馆 CIP 数据核字(2013)第 155080 号

转念:每个起心动念,都是改变人生的引信

著　　者 / 蔡怡璇
责任编辑 / 尹　影
责任校对 / 王京燕
经　　销 / 新华书店
开　　本 / 787 毫米×1092 毫米　1/16　印张/17　字数/260 千字
印　　刷 / 固安保利达印务有限公司
版　　次 / 2013 年 9 月第 1 版　2013 年 9 月第 1 次印刷
书　　号 / ISBN 978-7-5113-3794-8
定　　价 / 29.80 元

中国华侨出版社　北京市朝阳区静安里 26 号通成达大厦 3 层　邮编:100028

法律顾问:陈鹰律师事务所

编辑部:(010)64443056　64443979

发行部:(010)64443051　传真:(010)64439708

网址:www.oveaschin.com

E-mail:oveaschin@sina.com

前言

一位IT界的首席执行官曾说过这样一句话："跌倒了并不可怕，重要的是能够在站起来的时候抓到一把沙子。"

按理来说，跌倒了本是一种伤痛，可是再看看，手里抓了一把沙，岂不是一种动人的收获？虽说这把沙子很不起眼，但若是积累得多了，说不定能聚沙成塔呢！

无独有偶，俄国作家契诃夫也说过一段类似的话，其意思大概是这样的：如果发现火柴在你的口袋里燃烧起来，那么你应该高兴才对，而且应该感激上苍，多亏你的口袋不是火药库；如果你的手指被扎破了，那么你应该庆幸，幸亏不是扎进眼睛里，让自己还可以见到光明；如果你有一点儿身体不适，那么你同样应该庆幸，幸亏不是什么大问题……

其实，生活中几乎所有的事都是这样辩证统一的，没有绝对的好，也没有绝对的坏，关键在于你怎么看。

比如，面对失败，有的人会把它当做前进路上的垫脚石，促使自己跨越困境，有的人则把它看成绊脚石，认为它妨碍了自己的成功。

比如，同样是遭人误解，有的人能够心胸豁达、不去计较，有的人则心胸狭隘、睚眦必报。

诸如此类的对比不胜枚举，归根结底就是面对问题时我们怀着怎样的心态。换句话说，能否在遭遇困境时“转念”，将注定事物的发展方向，进而影响到我们整个的人生。

如果你已经最大限度地尽力了，却发现仍与自己期待中的景象遥不可及，那么何不“转念”想一想呢？“转念”，实际上是“留得青山在，不怕没柴烧”，是“退一步海阔天空”。当面临不如意时，当你沉浸在痛苦中时，请转念想一想，这痛苦的背后有没有其他东西？例如，他人的嘲笑未尝不是对自己的另一种鼓励；失败的到来，未尝不是上天对自己的考验；无端地吃亏，未尝不是另一种收获……所有的一切，其实都在我们转念之间，在于我们能不能改善自己的心境。

当然，“转念”决不是要求我们一味地退让。《易经》中说：“阴极阳生，穷则变，变则通。”又云：“当断不断，反受其乱”、“相机而动”，这些都是劝导我们要紧抓机遇，牢牢把握人生命运的主动权，主动创造幸福。

智者有言：“水声亦作琴声听，黄莲可当蜂蜜品。”其意旨在告诫我们，凡事只要转念想一想，我们便可以化弊为利、让苦变甜、由恨生爱，将单调变得丰富，令呆板变得活泼。如此看来，转念是一种精神的追求和体验，是一种心境的升华和胜利。

既如此，就请翻开此书吧，它会帮你在因遭遇挫折而垂头丧气时学会转念，它会让你在面临困惑时学会转念，它也会让你在情绪波动时学会转念……当你掌握了转念的方法和妙处，你的内心就会如湖水般波澜不惊，你的心胸就会像大海一样广阔无垠，你的人生就会像春天一样绚丽无比！

目 录

第1章 如果不是经历挫折,人生不会走向成熟

著名小说家萨克雷说:“只要你勇敢,全世界都会为你让路。如果有时他战胜了你,你就要不断地勇敢、再勇敢,世界总会向你屈服。”没错,当我们具备了足够的勇气、付出足够的努力,即便是在恶劣的环境里,我们的生命也能开出绚丽的花,我们的人生也能绽放瑰丽的色彩。当我们走过世间的繁华,我们会幡然明白:人生不会太圆满,即使再苦也可以笑着面对!或许现在生活给你的是苦痛,但笑过之后,幸福就会来敲门。

第2章 如果不是经受折磨,人生不会破茧而出

立于苍山之上的青松,只有历经风吹雨打才能茁壮成长;而温室里的花朵虽灼灼其华,却因为被保护得太好而异常娇弱,一旦离开“温柔乡”一般的生存环境,就会迅速枯萎、凋零。我们的生命也是如此。那么,为了让我们的生命之花得以绽放,就要主动去经历煎熬,让痛苦和委屈帮助自己蜕变。只有这样,我们才能开创出一个崭新的人生。

第3章 如果不是转念改变，人生不会豁然开朗

并非所有的愿望都能实现，也不是所有的目的地都能到达。很多时候，我们难免会步入无路可走的困境。这时候，如果还坚持往前走，就势必会撞南墙。既然改变周围的环境很难，我们不如学着改变自己。当我们改变了自己，我们周围的环境也就跟着改变了。只有这样，才更容易克服困难、战胜挫折，摘取幸福和快乐的果实。

第4章 如果不是勇敢承担，人生不会创造精彩

在有些人眼里，一个困难就是一次危机，而在另一些人眼里，一次困难就是一个机会。善于发现问题并解决问题的人总是会得到比其他人更多的机会，当然也会得到更多的收获。因此，不管何种情况，我们都应该做一个内心拥有责任感、勇于承担的人。当我们面前出现问题时，我们要做的就是去战胜它、克服它，只有这样，我们才能走得更远，有更多的进步和提高。

第5章 如果不是遭逢变故，人生不会因此不同

世事无绝对，我们所经历的任何事情、所遭受的任何磨难，实际上都有两面性，如果我们报之以绝望，那么我们看到的就真的会是绝望；如果我们报之以希望，那么我们就会感受到希望。因此，当我们面临人生的沟沟坎坎、感到悲伤绝望的时候，千万要将这一不良情绪掐灭在萌芽状态，而让希望之光将自己的前行之路照亮，帮自己找到“回家”的方向。

第6章 如果不是醍醐灌顶，人生方向不会清楚

很多时候，面对同一件事，只需我们内心的一个转变，便会于山重水复处惊见柳暗花明。其实，一切的根源都在于我们的内心。这个世界上本没有解决不了的事，往往困住我们的不是外界的环境，而是我们自己。因此，我们不妨学着和内心和解，也许恍然间就会感觉醍醐灌顶，而前方的路也会变得越发清晰起来。

第7章
如果不是坚持信念,人生不会创造传奇

俗话说："人活一口气。"而这口"气"，我们也可以理解为信念。换句话说，一个人只要持有坚定的信念，就没有做不成的事，就没有创造不了的传奇。因此，不管在什么时候、处在什么样的困境之中，我们都应该用自己的毅力走出生命的谷底，创造人生的辉煌。哪怕你认为自己已经筋疲力尽时，也要暗暗地激励自己：胜利就在不远的前方，只要坚持到底，就能创造奇迹。

第1章 如果不是经历挫折，人生不会走向成熟

著名小说家萨克雷说：“只要你勇敢，全世界都会为你让路。如果有时他战胜了你，你就要不断地勇敢、再勇敢，世界总会向你屈服。”没错，当我们具备了足够的勇气、付出足够的努力，即便是在恶劣的环境里，我们的生命也能开出绚丽的花，我们的人生也能绽放瑰丽的色彩。当我们走过世间的繁华，我们会幡然明白：人生不会太圆满，即使再苦也可以笑着面对！或许现在生活给你的是苦痛，但笑过之后，幸福就会来敲门。

从苦难中也能品尝出精彩

生活中总是有很多不如意的事情，这个时候我们要沉着应对，不能轻易地被痛苦打倒。懦弱的人在痛苦中消灭自我，智慧的人在痛苦中寻找希望，在困难中寻找生命的真谛。

生活是一盒巧克力，在没有打开之前，我们都不知道它的味道，也许是苦的，也许是酸的，也许是涩的，但无论是哪一种味道，都是生活最真实的存在。我们不能总是奢求生活是快乐的，生活的美好也许就在于它的多姿多彩，所以我们要在痛苦中寻找希望，不轻言放弃、不任意抱怨、不妄自菲薄，时时刻刻给自己快乐的机会。

很多时候，痛苦来源于不自信，来源于我们不能挑战自己。

美国的布鲁金斯学会多年来以培养世界上最杰出的推销员著称于世。该学会有一个传统，那就是每期学员毕业时，会给他们出一道最能体现推销员实战能力的实习题。

布什就任总统后，布普金斯学会出了这样一个实习题：请把一把斧子推销给总统。

由于在很多年的时间里，无数前辈都无功而返，许多学员都放弃了角逐金靴奖的机会。他们抱怨说，这个任务非常难，因为现任总统根本不需要斧头，即使需要也用不着亲自购买。

直到2001年，一位名叫乔治·赫伯特的推销员的出现才再次打破了这一推销极限。然而，用乔治·赫伯特自己的话说，他却没花多少工夫。他说：“我认为把一把斧头推销给布什总统是完全有可能的，因为总统在德克萨斯州有一个农场，里面有许多树，于是我给他写了一封信，信中说：‘总统先生，有一次我有幸参观了您的农场，发现里面长着许多大树，有些已经枯死了。我想您一定需要一把斧头，眼下我这里正好有一把非常适合砍伐枯树的斧头，如果您有兴趣的话，请按这封信上的地址给予回复。’后来，他就给我汇来了买斧头的钱。”

曾经有记者这样问过布鲁金斯学会的负责人：26年的时间里，学会培养了数以万计的推销员，也造就了数以百计的百万富翁，难道他们的能力真的不如乔治·赫伯特吗？为什么不把金靴奖颁发给他们？换言之，布鲁金斯学会不公平。对此，该负责人回答道：“这只金靴子之所以没有授予其他的学员，是因为我们一直想寻找这么一个人，这个人不会因有人说某一目标不能实现就放弃，不会因某件事情难以办到而失去自信。”

其实，生活中很多事情就是如此，当接到任务的时候，我们觉得这是不可能办到的，可是世界上的事情，只要我们肯做就没有不可能办到的，更多时候，成功就是来自于我们的自信，生活有时候就需要不断地承受苦难，聪明的人能够在苦难中不断寻找出口、不断找到自己的不足，然后继续前进。但很多时候苦痛就是一剂良药，它会告诉我们，我们的不足处在哪里，所以正确运用苦痛的人才是善于改正缺点的人。上帝不会轻易放弃一个人，只有爱你，才会让你觉得痛苦，因为只有在痛苦中，我们才能最快成长。

不管遇到什么大风大浪，我们都要以乐观的心态看待问题，即使是挫折，也有可能成为我们成长的沃土。罗兰说：“一个人如能让自己经常维持像孩子一般纯洁的心灵，用乐观的心情做事、用善良的心肠待人，光明坦白，他的人生一定比别人快乐得多。”

乐观其实就是能不被生活的灰尘蒙蔽，能始终保持一颗干净的心，面对任何事情，我们都能以全新的眼光去看待，始终对生活存有热情。

春秋末期，吴国（今江苏南部）和越国（今浙江北部）互相接壤，互相仇怨，经常打仗。公元前494年，吴王夫差大败越兵，越王勾践只剩下五千多兵，被围困在公稽山。

为了报仇复国，勾践奋发图强，采取了富国强兵的种种措施：鼓励百姓生养儿女、减轻赋税劳役、制定一系列有利国计民生的政策，对那些孤儿寡妇、生病的人、穷苦的人，由官府代养他们的儿女，对那些有名望、有特长的人，国家在物质上给予优厚的待遇，鼓励他们为国出力，勾践自己也亲自参加耕种，不是亲自种出来的粮食，勾践就不吃，不是他夫人织出来的布，勾践就不穿。十年之内，国家不向老百姓收税。因而，他受到全国百姓的爱戴，老百姓纷纷请求和吴国作战，复国雪耻。

勾践一看时机已经成熟，就说："我不需要那单枪匹马的勇气，我要的是万众一心、同进同退。奋勇向前时想到国家的赏赐，畏缩后退时想到军令的刑罚；如果前进的时候不出力、不听指挥，败退了却不知羞耻，这样就会受到应有的刑罚。"老百姓斗志昂扬、互相勉励，都说："看一看谁是我们的国君，能不为他去拼死杀敌吗?"

于是，勾践指挥决心为国报仇的人民袭击了吴国，攻入吴都姑苏（现苏州市），他的"水师"又从海道进入淮河，断绝了吴军的归路，公元前473年，终于灭了吴国。

如果没有这次失败，也许勾践永远不会知道自己的弱势在哪里，永远不能发愤图强，自己的国家也许会承受更多的苦痛。正是勾践能够在痛苦的时候还能不放弃自己才能再找回当年的威风，我们在生活中也应该如此，遇到困难的时候，我们要有从困难中爬起来的勇气，要及时排除苦痛的情绪，迅速调整，去寻找解决问题的方式，以更加饱满的良好情绪投入到完善自我的努力中，唯有如此，我们才能成为生活的强者。

失败是成功之母，既然如此，要获得成功，那就先拥抱失败吧。正如有人所说，世界上没有永远的成功，只有永远的失败。而即使是面临着失败，对于有志于成功的人来说，也只是成功的暂时停止，并不是失败的真正到来。

其实，有时候，短暂的失败也是自然规律起作用的结果。失败是自然而然的事情，就如同我们会感冒一样。一旦认为失败是自然规律的一部分，就没有真正的失败，只有暂时停止成功。所以我们说：没有失败，只有暂时停止成功。

人生在世，不可能永远成功，永远成功会让你觉得生活很没有趣味，失败了是常有的事，但是不代表我们就常常被打败，我们必须有这样的信念：暂时的失败只是我们想歇歇脚，并不代表我们就永远失败了。我们要始终对自己抱有希望、对生活抱有信念，唯有如此，我们才能更好地乘风破浪，驶向更加美丽的世界。

挫折其实是成功的一粒种子

当挫折降临，有些人会被其瞬间打倒，从此与愁苦相伴；也有些人会从挫折中提炼出成功的种子，播撒进自己心灵的土壤，并最终开出美丽的花朵、结出胜利的果实。既然如此，何不转念，把挫折看做成功的“积淀”呢？

“万事如意”只能是一种美好的祝愿，在每个人的一生中，一点儿挫折没有的情况几乎是没有的，它就像一个擅长恶作剧的孩子，说不定藏在某个角落，等着我们的到来。

诚然，当我们和挫折相遇，总会感到委屈和无助。可是，上天并不会因此就对我们格外眷顾，因为我们的委屈和无助而将挫折清除。当然，上天也从来不会故意和谁过不去，它总是将幸福的甘霖和挫折的风暴洒到每个人身上。

幸福的顺境自不必说，单单对于挫折来讲，有的人能够把它看淡，甚至当做上天赐给自己的礼物，让自己经受心灵的洗礼，重新振作；而有的则会感叹命运不公，并为此感到难过。无疑，相对于前者，后者缺少了一颗勇于拼搏的心。否则，也可能会像前者那样把挫折看成获取成功路上的帮手。

对于这一点，两位名家的话或许能提供某种佐证，爱默生说："每一种挫折都隐藏着让人成功的种子。"普希金说："在那些曾经遭遇挫折的地方，最能长出思想来。"从这两句话中，我们可以体味到：挫折是有价值的，它能让我们获得思想，并最终走向成功。

说来容易，然而要想跨越挫折，确实不是一件轻松的事，它需要我们拥有顽强的斗志和坚定的信念。

既是小说家，又是诗人、戏剧家、历史学家的巴威尔·利顿爵士早已为人们所熟知。原本，出身不凡的巴威尔·利顿大可以和其他贵族一样享受自由自在的奢华生活，但是他最终还是走上了另外一条人生之路——写作。写作是个苦差事，需要经常熬夜，所以他的这一举动让当时很多人感到不理解。

然而，巴威尔·利顿却一如既往地坚持了下来，经过很长时间没日没夜的煎熬，他终于创作出了自己的首部诗作《杂草和野花》。可是辛苦的劳作并没有换来相应的回报，这部作品一面世，即被当时的文学界批为败笔，甚至有文学家讥讽说："这就是真正的'杂草和野花'。巴威尔那个家伙还真是自不量力，以为凭一句'啊，美好的生活'就能进入作家行列，真是太可笑了。"

尽管遭人嘲笑，但巴威尔却没有因此放弃，他继续创作着。又经过一段时间的辛勤写作，小说《福克兰》问世，这次的结局依然是第一部作品的延续，以遗憾收场。连续两次惨败，这让那些看不惯他的文学家更加肆无忌惮地嘲笑他了，认为他在文学界取得地位根本是不可能的事。

换作其他人，可能早就知难而退了，可倔强的巴威尔却没有放弃，他仍然伏案写作，笔耕不辍。

日月如梭，转眼一年过去了，此时，巴威尔又发表了一部新的作品《伯尔哈姆》，正是这部作品让读者以及文学家一改之前的认识，大家纷纷认为这是一部难得的好书。

终于苦尽甘来，从失败的阴影中走出来的巴威尔继续自己的文学创作之路，一直持续了三十多年。这三十多年里，他发表了大量优秀的作品，深受读者们的喜爱和好评。

面对一次又一次挫折的打击，巴威尔没有退缩、没有放弃，而是将失意化作动力，促使自己战胜困难、创造成功。

其实，挫折就好比我们每个人人生旅途上一块块大大小小的“石头”，在这些“石头”面前，我们如果绕道而行，或许会换来暂时的顺利，但很可能会和自己当初的目标相背离。相反，如果我们能沉住气，勇于面对挫折，并从中找到新的前进的力量，那么早晚有一天，“石头”会被我们移走，使我们渐渐靠近目标。美国著名电台广播员莎莉·拉菲尔就是一个不惧怕挫折、能够沉住气、不断朝既定目标靠近的人。

莎莉的职业生涯总共持续了30年，在这30年里，她被辞退过18次。

这个数字听起来有点儿貌似开玩笑，但事实就是如此。在莎莉刚刚准备踏入播音员行列的时候，由于当时的美国大部分无线电台都认为女性播音员不吸引观众，因此都拒绝雇用她。

不过功夫不负有心人，经过多次求职，莎莉终于在纽约的一家电台找到了一份工作，莎莉为此感到很高兴，并决定好好为东家效力。然而好景不长，没过多长时间，用人单位就以她跟不上时代为由将其辞退。

刚刚升腾起来的希望之火一下子又被冷水浇灭，在多数人看来，这打击真够大的，然而莎莉却没有因此灰心丧气，经过认真深入地总结经验和教训，莎莉给国家广播公司电台写了一封信，在信中，她写出了自己对清谈节目的构想。

看到莎莉的信后，电台负责人考虑良久，最终答应让她来上班，但有一个前提是，她必须得先到政治台主持节目，这对于对政治知识知之甚少的莎莉来说是一个不小的挑战，但富有冒险精神的她还是决定一试。

在工作岗位上奋斗了几年之后，莎莉对广播工作早已做到了轻车熟路，于是在一次国庆节来临前，她利用自己的人际关系以及平易近人的处世作风策划了一场别开生面的广播交流会，真诚地邀请听众打电话来畅谈他们的感受。

这个节目引来众多听众的兴趣，他们纷纷积极参加。就在这次活动之后，莎莉一举成名。如今，莎莉·拉菲尔已经成为自办电视节目的主持人，曾两度获得重要的主持人奖项。她说："我被人辞退18次，许多人以为我会被这些厄运吓退，做不成我想做的事情，结果相反，我让它们鞭策我勇往直前。"

看完这个故事，我们不得不为莎莉的越挫越勇的精神感到震撼，即便被辞退18次，她仍然坚信自己的选择，不仅如此，众多的挫折还让她越来越有勇气，不断地尝试、不断地努力，最终取得了成功。

其实，挫折看似是不幸的遭遇，但实际上更是对我们意志的考验和内心的磨砺。在它面前，如果我们能像故事中的莎莉这样打不败，那么成功也会有朝一日向我们走来。

鲁迅先生曾说："真正的勇士，敢于直面惨淡的人生。"我们要想成为"真的勇士"，就要在被挫折击打得惨淡的时候怀着一颗顽强且勇敢的心，永不退缩、永不妥协，那么我们必将会把绊脚石变成助自己展翅高飞的阶梯。

痛苦不止一面，关键在于你怎么看

以怎样的心态面对痛苦，将决定痛苦的强度，因为痛苦本身有着“两面性”，如果用消极的心态来看，那么痛苦必然就是不幸之遭遇；如果用积极的心态来看，那么痛苦则是磨砺我们内心的必经之路。

一说到“痛苦”二字，大多数人的意识里首先蹦出的就是和不幸、悲伤等有关联的人或者事物。或许就我们自身而言，也有过无数次的抱怨：上帝为何如此不公？有的人生下来就是享受富贵荣华，集万千宠爱于一身，而自己却从来到世上就开始为吃饱穿暖而担忧；有的人天生丽质，而自己却相貌平平；有的人顺风顺水，而自己却常常和苦难相伴……

可是你是否想过，这样的抱怨有用吗？对你改变不理想的现状有哪怕一丁点儿的积极意义吗？岂不知，抱怨归抱怨，可日子还得继续过，这些牢骚只能更为你心里添堵。

当我们不得不背着这些抱怨默默前行许久之后，或许会不经意地发觉，原来痛苦和不幸并没有当初想象的那么一无是处，相反，它们居然给自己带来了可贵的生命品质，比如自尊，比如坚韧。或许这正应了一句话：累累的伤痛是生命给你的最好的东西。此时，我们才恍然大悟，原来，人生的痛苦并不尽是坏事呀！

刚过而立之年的嫣雨经历了太多的不幸，也遭受了常人难以想象的苦痛。然而，这个文静、清秀的女人却永远都在保持微笑。如今，命运之神似乎开始了对她的眷顾，而她也找到了属于自己的那份幸福。对于过去，嫣雨总是微微一笑，说："没什么，都过去了。对于我所有的经历，无论是痛苦还是快乐，我都同样珍惜。"

嫣雨出生于一个偏僻山区的普通农家，为了改变命运，她从小就立志要靠自己不断地拼搏和努力。辛苦读书十几年，成绩优异的她终于考取了一所不错的大学，但是就在四处奔走，凑齐了学费的几天后，积劳成疾的母亲去世了，这个变故使得嫣雨不得不放弃了读大学的打算，她用瘦弱的身躯背起了简单的行李来到了北京，从此过上了一边自学一边打工的生活。

这样的日子一过就是三年，生活的辛苦她熬得住，身体的病痛她也默默承受。从小就身体不好的她在这几年里严重的营养不良，居然又患上了肝病。更为让她痛苦的是，与她感情深厚的男友在得知她得了严重的肝炎后居然带着她所有的积蓄弃她而去。

可是，在重重打击面前，嫣雨没有倒下，而是选择了坚强地生活下去。现在，嫣雨的肝病已经痊愈，而她也通过了某大学成教的毕业考试，并且找到了一个真正爱自己的人。两人商定，结婚的日子就是他们自己的小公司成立的日子……每当说起这些，嫣雨没有感慨，她只是说："苦也好，甜也好，这就是生活。痛苦的积累也就是生命的意义。"

读了这个故事，想必你的心也跟着泛起涟漪吧。故事中的嫣雨作为一个年轻女性，曾承受过那么多的痛苦和磨难！更让我们震撼的是，她依然坚强和乐观，依然保持着对幸福的向往和追求。

可以肯定，嫣雨是对的，因为痛苦对于我们的生命来说也是一笔宝贵的财富，它和幸福和快乐一样，都值得我们珍惜。

可是，留意一下我们身边，能够秉持这种想法的人并不是很多，而能够像嫣雨一样不被困难和不幸打倒的人更是少之又少，更多的人往往是在痛苦面前心灰意冷、愁肠百结时选择一醉方休，借助酒精来麻痹自己；有些人则是在痛苦中苦苦挣扎，慢慢地，心理开始失去平衡，于是疯狂地排斥他人和社会，他们的想法就是，自己痛苦，也不能让别人好过；还有一些人干脆在痛苦面前万念俱灰，最终走上了轻生的不归路。

殊不知，抽刀断水水更流，举杯消愁愁更愁。醉得了一时，醉不了一世，当从醉梦中醒来，睁开双眼，那刻骨铭心的痛苦依然那么清晰；对于他人和社会造成危害的人，自然会受到法律的严厉制裁，从此更加陷入万劫不复的深渊；而轻生的人，虽然他们自己"解脱"了，却给亲人和朋友带来了无尽的痛苦。

因此，这样面对痛苦的方式显然是不正确的，也是我们不提倡的。既然如此，我们何不学习一下艾德·罗伯茨呢？

艾德·罗伯茨是个很普通的人。14岁那年，不幸降临到他的头上，由于感染而导致患上小儿麻痹症，致使颈部以下完全瘫痪，得靠轮椅才能行动，他的生命也只能依赖一个呼吸设备来维持。

患病之后的艾德有几次都险些丧命。在常人的眼里，他这一辈子肯定会一直生活在自卑与绝望中。然而，出乎所有人意料的是，在艾德20岁的时候，他意识到整天唉声叹气对自己没有丝毫帮助，他开始不间断地教育、影响社会大众。

终于，经过艾德15年坚持不懈的推动，社会终于注意到了残疾人的权利，现在许多公共设施都设有轮椅专走的上下斜道，有残疾人专用的停车位，许多商场、超市也都设立有帮助残疾人行动的扶手，这些在很大程度上都是艾德的功劳。

艾德没有像很多身体残障者那样一味沉浸在自己的不幸和自卑中，而是积极勇敢地面对了自己的现状，并努力致力于改善其他瘫痪者的生活世界，使他们过上了方便的生活。

通过自己不懈的努力，艾德用事实告诉人们这样一个道理：身体上的缺陷并不能限制一个人的发展，只要有信心和坚定的信念，同样可以成功，过上幸福的生活。

其实，上帝是公平的，或许他给了我们痛苦，但痛苦在带给我们悲伤情绪的同时，也让我们学会自省、学会思索、学会承受。想想看，古今中外有多少不幸而伟大的灵魂，他们都是屡遭困厄、长期受难而奋发的结果。

所以说，悲惨的命运可能使我们的灵魂和肉体遭受折磨，但其中也会孕育着耀眼的火花，只要我们创造适当的条件，火花就会燃烧起来，照亮我们的人生和未来。

说到底，只要我们在痛苦面前勇敢、乐观、坚强，那么一切都将过去，前面依然充满阳光。相反，如果我们面对痛苦时畏惧、抱怨、懦弱、沮丧，那么痛苦永远都不会离我们而去，它将令我们彻底地沉沦其中，使生命永远黑暗。一位哲人曾说过："我们不仅要学会在欢乐时微笑，也要学会在痛苦中微笑。"而这，也正是我们想对你说的，就让我们共勉吧！

用微笑把痛苦埋葬，剩下的将是希望

俗话说：“天有不测风云，人有旦夕祸福。”在麻烦面前，我们能否做到临危不乱、遇乱不惊、怀有乐观的心态是极其重要的。因此，我们不妨展露微笑，因为这不仅仅是一种心态，也是一种涵养，更是把痛苦埋葬的良药。

一些心理专家说过这样一句话：“一个爱笑的女人，命运差不到哪里去。”对这句话我们可以理解为：微笑能为我们带来欢乐和幸福，有了它，我们的美好人生就有了“谱”。

想想看，每个人都有痛苦的时候，正所谓人生不如意之事十有八九。可是面对痛苦，我们若是一天到晚阴沉着一张脸，甚至天天悲痛万分、以泪洗面，这样有什么用呢？不仅浪费时间和精力，而且老天爷也不会因此而关照我们，于事无补。而若是微笑呢？微笑着面对痛苦、微笑着迎接每一天的日月星辰，我们的心是不是也会因为这微笑而变得放松和豁然开朗呢？

接下来，我们来看一个《用微笑把痛苦埋葬》的故事吧。

第二次世界大战期间，就在庆祝盟军于北非获胜的那一天，有一位名叫伊丽莎白·唐莉的女士收到了国防部的一份电报：她的儿子在战场上牺牲了。这是她唯一的儿子，也是她唯一的亲人，那是她全部生命啊！

对于这个残酷的事实，伊丽莎白·唐莉根本无法接受，她的精神到了崩溃的边缘。生性乐观的她一下子变得心灰意冷、痛不欲生，觉得人生再也没有什么意义。在万分悲伤与沮丧里，唐莉决定放弃眼前的工作，远走他乡，到一个没有人的地方了此余生。

就在她为远行做准备的时候，意外发现了一封几年前的信，那是她儿子在到达前线后写给她的。唐莉颤抖着双手，轻轻地打开信纸，重新阅读了信上的内容："请妈妈放心，我永远不会忘记您对我的教导，无论在哪里，也无论遇到什么样的灾难，我都会勇敢地面对生活，像真正的男子汉那样，能够用微笑承受一切不幸和痛苦。我永远以您为榜样，永远记着您的微笑……"

看到这里，唐莉禁不住热泪盈眶，她把这封信读了一遍又一遍，脑海里似乎浮现着儿子的样子，他用炽热的目光望着自己，关切地问："亲爱的妈妈，您为什么不按照您教导我的那样去做呢?"

想到这里，唐莉擦了擦眼角的泪花，在心里对自己说："告别痛苦的手只能由自己来挥动，我应该像儿子所说的那样，用微笑埋葬痛苦，继续顽强地生活下去。我没有起死回生的神力改变现实，但我有能力继续生活下去。"就这样，唐莉打消了远走他乡的念头。

不仅如此，唐莉还重新振作起精神，开始了写作生涯，并最终成了一名颇有影响力的作家。在唐莉的著作中，有一本名为《用微笑把痛苦埋葬》的书颇有影响。在这本书中，有这样几句话："人，不能陷在痛苦的泥潭里不能自拔。遇到不可能改变的现实，不管让人多么痛苦不堪，我们都要勇敢地面对，用微笑把痛苦埋葬，才能看到希望的阳光。有时候，生比死需要更大的勇气与魄力。"

的确，"用微笑将痛苦埋葬，才能看到希望的阳光"。唐莉用她亲身的经历和感受为我们总结了这样一句不是名言却胜似名言的真理。在痛苦面前，我们的微笑就是战败它的绝佳武器，唐莉拿起了这个武器，并最终战胜了痛苦。

实际上，微笑是一种心态，也是一种境界，我们只有修炼到家，才能拥有这样的心态和境界。如果还有困惑，那么不妨想想寒梅和秋菊吧。寒梅无法选择季节，但却傲视冰霜；秋菊无法选择时令，却代表秋天发言。生而为人，我们无法选择无痛的命运，那就学会微笑吧。当我们展露微笑，痛苦就会被悄悄埋葬，长此以往，我们的内心便不再恐惧、不再彷徨。

换句话说，如果我们能对生活报以微笑，那么快乐就会成为我们人生路上浓淡相宜的调色板，我们的人生也会因此而被幸福充溢。

一座位于美国西部的小山丘上有一间极其特殊的房子，建造房子的材料全部都是自然物质，不含任何有毒物质，里边的空气也都是人工灌注的氧气。生活在这间屋子里的人名叫玛丽，她只能靠传真与外界进行联络。

为什么玛丽会在这里生活呢?

事情的起因还要源于20年前的一天，当时，玛丽拿起家中的杀虫剂灭虫，不料杀虫剂内的化学物质破坏了她全身的免疫系统。从此，她便对所有气味大一点儿的东西如香水、沐浴露等过敏，甚至连空气都会导致她患上咳嗽不止的气管炎。

一开始，玛丽还以为这只是暂时的症状，会慢慢好起来，但经过医生的诊治，确定为这是一种慢性病，目前国际上尚无药可医。

在病魔的侵扰下，玛丽睡觉时时常流口水，尿液也渐渐地变成了绿色，身上的汗水与其他排泄物还会不断地刺激她的背部，最终形成一块块疼痛又难看的疤痕。

看着心爱的妻子遭受如此折磨，玛丽的丈夫心如刀绞，最终他在医疗专家的指导下，为妻子建造了一个无毒的空间，即这间小房子，平时，所有玛丽吃的、喝的东西都要经过严格的选择和仔细的处理，不能含有任何化学成分。

多年以来，玛丽一直过着“与世隔绝”的生活，她没有见过一棵花草，没听到过一次悠扬的歌声，更无法感受温暖的阳光和潺潺的流水，因为她只能躲在无任何饰物的小屋里饱受孤独之苦。不仅如此，玛丽还不能因为孤独悲伤而放声大哭，因为她的眼泪也和她的汗水一样，随时有可能成为威胁她的敌人。

在常人难以想象的痛苦折磨下，玛丽却这样告诉自己：“既然不能痛哭，那就选择微笑吧!”玛丽认为，事已至此，自暴自弃和痛苦只能毁灭自己，还不如用微笑面对。

在这里生活了十年后，玛丽开始创立主要致力于化学物质过敏症病变研究的“环境接触研究网”，同时，她还与另一个组织合作，创立了“化学伤害资讯网”，主要是倡导人们避免化学物品的威胁，并得到美国国会、欧盟及联合国的大力支持。

一个如此“脆弱”的身体却有着如此顽强的灵魂，玛丽靠的正是“不能流泪就选择微笑”的乐观和豁达。她用自己的亲身经历让我们再次领悟了人生的真谛：遭受不幸或许是人生的常态，回避解决不了任何问题，只有发自内心地接受不幸，并用微笑来迎接挑战，才会走出不幸，迎来人生的另一方美好的开始。

所以，当感到痛苦时，我们不妨对自己说：“告别痛苦的手只能由自己来挥动。我应该用微笑埋葬痛苦，继续顽强地生活下去，我没有起死回生的能力来改变它，但我有能力继续生活下去。”

总而言之，顺境也好，逆境也罢，无论何时何地，我们都要让自己知道：在漫长的人生旅途中，苦难并不可怕，受挫折也无须忧伤，只要心中的信念没有萎缩，你的人生旅途就不会中断。

所以你要学会微笑着面对生活，不要抱怨生活给了自己太多的磨难，不要抱怨生活中有太多的曲折，更不要抱怨生活中存在太多的不公。当你走过世间的繁华，你会幡然明白：人生不会太圆满，即使再苦也可以笑着面对。或许现在生活给你的是苦痛，但笑过之后，幸福就会来敲门。

只要你愿意，挫折也能变成强劲的东风

一个未曾受过挫折的人，其生命也必然是脆弱的。实际上，受挫并不是一件可怕的事情，它是我们成熟的必由之路，感受一次挫折，我们就会对生活加深一层理解，就会对人生增添一层领悟。

当遭遇挫折的时候，生性脆弱的人会感觉到自己的世界末日来了，因而痛苦不堪、悲观失落、信心全无、患得患失，失去生活的信心，对未来恐惧，甚至产生轻生的念头。而只有那些乐观积极的人才会把挫折当做人生的财富，即使身处荆棘之中，仍能用坚强的意志为自己开辟出一条道路，成为了不起的成功人士。

事实上，身为凡夫俗子的我们不可能始终一帆风顺，难免会遭遇伤痛、挫折和失败，这都是很正常的事，我们最需要做的就是接受挫折，并把它看做是人生中的另一种财富。在现实生活中，那些乐观积极的人也正是这么做的，他们认为，挫折并非意味着不幸，而是成就自己的一股强劲的东风。

周末的午后，索菲雅来到家附近的公园里，坐在长椅上，正想好好享受冬日里暖暖的阳光时，一位中年妇女坐在了她的身边，开始喋喋不休地向她诉说着生活中的艰辛："各种挫折仿佛在一瞬间向我袭来。"她抱怨道。

索菲雅静静地听完，然后微笑地对她说："听听我的故事吧！"

接下来，索菲雅讲了自己的经历。

13岁那年，我父亲去世了，当我悲伤难过的时候，母亲对我说：“生活中的变化是不可避免的，始料不及的挫折也许会给你带来机会。勇敢地往前走，你会获得新的人生。”

母亲不仅这样说，也是这样做的，并成了我生活的榜样，她靠打工养活了我，供我读完了大学。

毕业后，我凭借自己的能力找到了一份满意的工作，那时我遇见了我的爱人，就在我们结婚不到一年的时候，他应召入伍。六个月后，我收到了来自部队的一封电报，信中说他牺牲了。正沉浸在幸福中的我不能接受这样的事实，但我想到了母亲曾经说过的话。

我认为，没有了他，我必须要活下去，而且要活得更好，因为有更多的担子落在了我的肩上——我必须赡养自己的母亲和婆婆。

在工作中，我得到了一个培训的机会，从此，我的生活步入了一个全新的、不断发展、不断完善的轨道中。我逐渐明白了人生的法则，对于每一次的损失，上帝都会给你找回来，只要你去寻找它。

最后，我成功了，成为银行的一位高级管理人员，并且一直工作到退休。退休后的一天，我在家中意外地接到了银行的电话，他们希望重新聘请我回去工作，因为我正适合与老年人沟通。

于是，我又重新返回了工作岗位。你看，生活的挫折并没有那么可怕，反而是一生的另一种财富，不是吗?

听完索菲雅的话，中年妇女似乎也领悟到了许多，她以钦佩和感激的神色向索菲雅道了别，迈着比来时轻快得多的步伐走了。

看完这个故事，我们很难不为索菲雅的遭遇感到哀伤，幼年丧父、青年丧夫，这是人生中何等重大的不幸！然而，我们又为索菲雅的顽强和乐观感到喜悦和敬佩、因为她凭借自己强大的精神力量战胜了挫折、跨越了不幸，这种对待挫折的态度值得每一个人学习。正如英国小说家萨克雷说：“只要你勇敢，全世界都会为你让路。如果有时它战胜你，你就要不断地勇敢、再勇敢，世界总会向你屈服。”

是的，只要你勇敢、努力，就算是在恶劣的环境中也会开出美丽的花、绽放出绚烂的人生。只有那些脆弱的人才会像寄居蟹一样，因为害怕挫折、担心危险而不敢走出自己的壳，每天只知道躲着，不停地想找个庇护的地方，却从不知道最好的庇护就是让自己更强大。

从心理学角度而言，我们的身体好比一个大的化工厂，我们有什么样的心情，我们的身体就会进行什么样的化学合成，因此，对正处于挫折中的人来说，保持一种强大的心理力量是十分重要的。

事实上，在任何一个人的生命旅途中，都难免有很多的挫折、困难、痛苦等待着自己，但只有让自己的内心变得强大，勇敢地迈步向前去感受这一路上的风景，就比躲起来要好得多。也只有这样，你才能得到所企盼的成功。

这样看来，受挫并非是一件值得我们深深忧虑的事，它实际上是帮助我们成熟的“心灵导师”，感受一次挫折，我们就会对生活加深一层理解；经历过一次失败，我们就会对人生增添一层领悟。面对挫折，我们应反省自己在过去的失败中有哪些做得不好的地方、以后有没有避免的可能、该怎样避免，等等。这样一来，我们就不会把一次失败看做天塌下来那般恐怖，而是能够从中汲取经验和教训，为以后的成功架桥铺路。既然如此，挫折又有什么可怕的呢?

所以说，你要想获得成功和幸福，首先就要经历挫折、领悟挫折。当你能够以积极的心态来看待挫折的时候，潜藏在你意识深处的精力、智慧和勇气就会被调动起来，激励你勇敢地面对生活中的一切挫折和困难，并尽自己的最大努力来迎接挑战、战胜困难。也只有这样，你才能将自己历练成生活的强者，才能争取到属于自己的胜利和幸福。

挫折是口香糖，嚼一嚼再吐掉

遭受挫折的滋味不好受，但若是换一种心态来看待，于我们的内心而言则会有大大的不同。如果把挫折当做一块口香糖，品尝完其中的或酸、或辣、或苦的滋味后，迅速地吐掉，那么我们就会以全新的面貌迎接未来的挑战。

俄国著名诗人普希金在其诗歌中写过这样一句话："假如生活欺骗了你，不要悲伤、不要心急，忧郁的日子里需要镇静，相信吧，快乐的日子将会来临。"无独有偶，有位著名的学者也曾说过："桂冠上的飘带不只是用天才的纤维捻制而成的，而是需要用痛苦、磨难的丝缕纺织出来的。"

通过这两段话，我们可以体会到，生活中处处充满着艰难险阻，磨难随时都有可能来到我们的面前，我们要拥有一颗乐观的心，用微笑来面对它。

既然失败如普希金和那位学者所说，那么我们何不换一种心态，把人生的挫折当做口香糖来嚼呢？当体验完其深切的滋味后，我们便迅速把它吐掉，然后以一股新的力量重新面对挑战，这才是一种乐观积极的心态，也是能让我们顺利跨越痛苦和困境的良药。

伟大发明家爱迪生在美国新泽西州的一家工厂里有一个实验室，里面有价值200万美元的设备和大部分研究成果，然而这里却曾发生了一件非常不幸的事。

1914年12月的一个晚上，工厂突然失火了，爱迪生的实验室被烧得干干净净。第二天，爱迪生来到现场，当这位大发明家看到他的实验室化为灰烬之后，难免一阵心痛，毕竟这是他大半辈子的心血。

当时，在场的每个人都用温暖的语言安慰着他，劝他不要难过。没想到爱迪生挥了挥手，向大家表示感谢，然后轻轻地对大家说："大家放心好了，我不会就此陷入绝望之中的。其实灾难也有它的好处。没错，这场大火的确把我的成果给烧光了，不过同时它把我的错误也烧光了，现在我要重新开始!"

虽然心痛，但爱迪生没有沉浸在痛苦中无法自拔，而是当面对自己没有办法改变的结果时，试着改变自己的心态，在不幸的遭遇面前让自己多一份微笑。

当我们以健康、积极的心态面对人生旅途上的苦难时，那些不幸的遭遇在我们眼里就会转化成一道凄美的风景。当我们怀着这样一种看风景的心情来看待人生的时候，那么我们就会发现一切都是那么的淡然和美好，同时我们还会觉得，原来一切并没有我们想象的那么难、那么悲惨。

琳琳是一个身材高挑的模特，但由于她的眼睛不好看，这使她很自卑。为此，她经常戴着墨镜出门，走秀的时候也总是惦记着评委和观众们看自己的眼睛，恨不得寸步不离墨镜的"保护"，这么一来，琳琳有好几次都险些出错，被老板教训过好几次。渐渐地，琳琳有些绝望了。

但可喜的是，就在琳琳决定离开 T 台的时候，一位著名的模特教师发现了她的天赋，因为她有着难得的傲人身材。这位老师告诉琳琳，她有着上天赐予的好身材，简直是为模特而生的，如果她能忘掉自己小小的眼睛的话，那么她的模特之路肯定会走得更顺畅、更通达。

在这位老师的鼓励下，琳琳终于走出了心理阴影，最终在一次大型走秀活动中脱颖而出，获得桂冠。

人的长相是天生的，如果不是靠后天"外力"的整容作用，它是不会依照我们的意愿而改变的。面对不满意的长相，如果内心总是纠结的话，那么就会沉浸在痛苦之中难以自拔，以致影响自己的生活和事业，就像故事中的琳琳一样。

若是换一种心态来看待这些缺憾、用微笑来面对它，我们就不会为自己的平庸或丑陋感到自卑，就会从缺陷的阴影里走出来。要知道，上帝在给你关上一扇门的时候，总会为你再打开一扇窗子。因此，我们要用乐观的心态来笑对人生，用这种积极、阳光、乐观的心态走好漫长的人生路，相信一定能获得无数的快乐。

因此，就让我们把失败当做口香糖来咀嚼吧，这样我们终会从中体验到不同的滋味儿，同时，我们的内心也像我们的牙齿一样得到净化，如此一来，即使身处逆境，我们也一样能够“拍拍身上的灰尘，振作疲惫的精神”，然后重新走上奔向未来的光明旅途。

痛苦，也可以看成一段快乐的旅程

我们都希冀远离痛苦、渴望人生顺达，可这种好事或许只能出现在美好的梦里。其实，我们若是换一种想法，痛苦也并非全然是不幸，它同样可以被看做是我们人生之路上一段快乐的旅程。

在谈到如何看待逆境和顺境的时候，一位大学教授说过这样一段话：“有的人可能一帆风顺，有的人可能要遇到挫折。人生伴随着欢乐，也伴随着悲苦。忧患是与生俱来的，顺境是我们的愿望，而逆境则可能是生活中应有之理、应有之义。不然的话，我们又何必讲‘迎接挑战’或‘参与竞争’之类的话呢?”

实际上，现实情况的确如这位教授所言，人生旅途中无不存在忧患，顺境只是我们的愿望罢了。也正是因为此，“挑战”和“竞争”才具有了特定的意义。

无独有偶，华人首富李嘉诚先生也说：“逆境和挑战激发生命的力度!”我们可以将李先生的话理解为：我们所经历的困境、我们所承受的痛苦，实际上是在为激发生命的能量而存在的！在此激励下，我们就会迎难而上、不惧失败和竞争，那么最终迎接我们的很可能就是成功的辉煌了。

若是不这样想呢？如果我们遇到逆境就退缩、承受痛苦就难过，恨不得让所有不幸的遭遇都和自己无缘，那么这样一来，我们就会被困难吓倒，以致忘了最初的目标，从而走向失败的深渊。

有一座矗立在路边的泥像，一直希望找个躲风避雨的地方，它更希望能够像人那样自由自在地奔跑。由于它无法动弹，这些想法也只能作为它心里的希望罢了。

不过，时间长了，它有些按捺不住，终于决定向人类发出呼喊。于是，它开始等待人类救助它的机会出现。

这天，智者圣·约翰路过此地，泥像哀怜地向圣·约翰发出呼救。

“智者，请让我变为人类吧!”泥像说。

圣·约翰看了看泥像，然后衣袖一挥，泥像立刻变成了一个活生生的青年。

“你想要变为人类可以，但是你必须跟我试走一下人生之路，假如你承受不了人生的痛苦，我马上可以把你还原。”智者圣·约翰说。

于是，青年跟随圣·约翰来到一个悬崖边。

“现在请你从此岸走到彼岸。”圣·约翰长袖一拂，上了铁索桥。

青年战战兢兢地踩着一个个大小不同的链环的边缘前行，然而一不小心，一下子跌进了一个链环之中，顿时两腿悬空，胸部被链环卡得紧紧的，几乎透不过气儿来。

“啊，好痛苦啊！快救命呀!”青年挥动着双臂，大声呼喊。

“请君自救吧！在这条路上，能够救你的只有你自己。”圣·约翰在前方微笑着说。

青年扭动身躯，奋力挣扎，好不容易才从这痛苦之环中挣扎出来。

“你是什么链环？为何卡得我如此痛苦？”青年愤然道。

“我是名利之环。”脚下的链环答道。

青年继续朝前走。忽然，隐约间，一个绝色美女朝青年嫣然一笑，然后飘然离去，不见踪影。

青年稍一走神，脚下一滑，又跌入一个环中，被链环死死卡住。可是四周一片寂静，没有一个人来救他。

这时，圣·约翰再次在前方出现，他微笑着缓缓说道：“在这条路上，没有人可以救你，只有你自己自救。”

青年拼尽全力，总算从链环中挣扎了出来，然而他已累得精疲力竭，便坐在两个链环间小憩。

“刚才的这个是什么痛苦之环呢？”青年想。

“我是美色之环。”脚下的链环答道。

经过一阵轻松的休息后，青年顿觉神清气爽，心中充满了幸福愉快的感觉，他为自己终于从链环中挣扎出来而庆幸。

青年继续向前赶路。然而意想不到的是，他接着又掉进了欲望之环、忌妒之环……待他从一个个痛苦之环中挣扎出来，青年已经完全疲惫不堪了，抬头望望，前面还有漫长的一段路，他再也没有勇气走下去了。

“智者，我不想再走了，你还是带我回到原来的地方吧。”青年呼唤着。智者圣·约翰出现了，他长袖一挥，青年便回到了路边。

“人生虽然有许多痛苦，但也有战胜痛苦之后的欢乐和轻松，你难道真愿意放弃人生吗？”智者圣·约翰问道。

“在人生之路上，痛苦太多，欢乐和愉快太短暂、太少了，我决定放弃做人，还原为泥像。”青年毫不犹豫地说。

智者圣·约翰长袖一挥，青年又还原为一尊泥像。“我从此再也不必受人世的痛苦了。”泥像想。

然而不久，泥像便被一场大雨冲成了一堆烂泥。

故事中的泥像由于无法忍受作为人类的痛苦，最终只得回归到泥像的角色，失去了做人的机会。其实正如智者所言，任何人只有经历过痛苦的折磨，才能感受到幸福的美好，才会懂得珍惜人生。

假如把人生比喻成一次长途旅行，那么痛苦则是我们不能不花的旅费。在这一趟旅程中，我们可以得到各种各样五色缤纷的经验。如果你拒绝花掉这笔名叫痛苦的旅费，那么你就无法到达理想中的目的地了，只能在错过与失落中兴叹。

换种心态，苦日子也可以过得很甜

人生不如意之事十之八九，但若以一种健康积极的心态来看待那些不如意，岂不是“苦中有乐”了吗！说到底，生活中贮藏着悲苦，也蕴含着喜乐，关键看你怎么看。只要找对快乐的角度，那么痛苦的酒糟就可能酿制出快乐的甘甜。

“生活是一团麻，总有那解不开的小疙瘩……”或许生活本来的样子就是“家家有本难念的经”，可是同样是充满着酸甜苦辣咸的日子，有的人能过得有滋有味，有的人则愁眉不展、怨声连连。这又是为何呢?

有一位老婆婆每天都感到不快乐，原来，她有两个女儿，大女儿是卖草帽的，小女儿是卖雨伞的。晴天的时候，大女儿的生意就非常好，因为她编的草帽人人都喜欢，老婆婆也很替她高兴，可是另一方面，卖雨伞的小女儿的生意通常无人问津，一整天下来都没有几个顾客，老婆婆就开始跟着发愁。而到了下雨天的时候，小女儿的雨伞就会卖得出奇的好，相反，大女儿的草帽就被打入“冷宫”，这样，老婆婆又不得不为大女儿担心。

听完老婆婆的忧虑之后，好心人就安慰她说：“老人家，你何不换个角度来看待这个问题呢？晴天的时候，你应该庆幸大女儿的草帽生意会很好。雨天的时候，你应该高兴小女儿的雨伞肯定也卖得非常好。你如果这样想的话，那么还有什么值得烦心的事情呢?”

看完上面这个故事，我们可以考虑让自己换成老婆婆的角色，问问自己会怎么想。

鲁迅先生有言："伟大的心胸，应该用笑脸来迎接悲惨的厄运，用百倍的勇气来应付一切不幸。"

然而，在现实之中，鲁迅先生的告诫在大多数人身上就会失灵。当痛苦与悲伤浓墨重彩地登上生活的舞台时，我们通常会失去微笑的力量。太多的"不如意"让我们心力交瘁，比如，上班的公司离家太远，你不得不每天去挤地铁，上班高峰期的时候，还要面临被挤成"肉饼"的危险；你的老板总是喜欢"鸡蛋里面挑骨头"，你时常要为一个小小的策划案而绞尽脑汁，即使这样拼命努力，"功劳簿"上还是没有你的名字，而那些不如你的人，反而还"平步青云"，大有"鸠占鹊巢"之势；当你有了自己的存款，想买一个"蜗居"踏踏实实地过日子的时候，再一看房价，之前的打算都化为泡影。于是，有人就彻底地颓废了，他们心想：活着真没劲儿，一辈子都是劳碌命。

于是有人感叹：生活就是一场恶作剧，主角反而是被捉弄的人。

难道我们的生活真的如此不堪吗？其实未必，生活并没有我们想的这样糟糕，这些不过是我们在打"生活算盘"的时候出了点儿小差错。通常情况下，对待快乐，人们习惯使用减法，对待痛苦却用加法，其实我们完全可以用乘法来使快乐翻倍，用除法来消除痛苦。

换个角度看看，当你埋怨公车太挤的时候，何不想一想这样可以帮自己节约很大一笔开销？"积少成多"，自己还可以用这笔钱做很多有意义的事情，这叫"省得其所"；当你对老板的苛刻忍无可忍的时候，何不想一想，也许这种"魔鬼训练"可以让自己更迅速地成长起来？越对你苛刻，说明你进步的空间就越大，你当前的任务不是当"缩头乌龟"，而是要昂头挺胸地直面你"惨淡的人生"，在时过境迁之后，你会愕然发现你已经变得很强；当你的"蜗居"梦想已经远离你的时候，何不想一想，其实租房子也挺开心的，不用为每月高额的房贷疲劳奔命？只要和相爱的人在一起，住在哪里都是自己的家。

实际上，生活就是这样，它贮藏着悲苦，也蕴含着喜乐，关键看你怎么看。只要找对快乐的角度，那么痛苦的酒糟就可能酿制出快乐的甘甜。用悲凉的眼睛看，世界上就只剩下了愁云惨淡和无底的绝望；用欣喜的心情看，生活将会风和日丽、天朗气清。

夏天的一个傍晚，一位禅师在行路途中发现一个少妇要投河自尽，禅师过去问少妇为何要寻短见。少妇叹气道，刚和自己结婚两年的丈夫染病去世了，而一个可爱的儿子也在不久前遭遇不幸，永远地离开了自己，少妇觉得自己已经没有一点儿活下去的勇气和希望了。禅师听完，缓缓地说道："那你想一想，两年前你是什么情况？那时候你有心爱的丈夫吗？有可爱的孩子吗？"少妇摇摇头。禅师接着说："你现在不过是重新回到了两年前呀！你何不换一个角度来看待你的遭遇呢？"此时，少妇若有所悟，她擦干脸上的泪水，向禅师道谢之后，转身回家了。

作为有感情的动物，我们无法不为少妇的遭遇而深感同情，但同时我们也对这位禅师的观点表示认同。

的确，很多事情，只要我们换个角度，就会得出不一样的结论。同样是一缕暗香，鸟儿可能不会驻足，但蝶儿会为之狂舞；同样是一个巨浪，船儿可能会望而却步，海鸥却会破浪翱翔；同样是一棵枯树，悲观者看到了死亡，乐观者却看到了希望……换个角度，也就换了一种心态，换了一种生活。

在一次教育界的研讨会上，一位风趣幽默的教育家这样说道："如果只有一个柠檬，就做柠檬水。"其意思是说，凡事我们都应看其积极的一面，而不是沉浸在悲观消极之中。以这个柠檬为例，如果以消极的心态来看它，那么消极的人可能会沮丧地说："完了，我的命运真悲惨，一点儿翻身的机会都不给我，命中注定我只有一个柠檬。"

一个如此简单的事物却折射出截然不同的两种想法，其结局自然也就迥异了，而这就是智者跟傻瓜的区别。智者透过绝望能看到希望，傻瓜却给绝望让路，让绝望的冷风无孔不入。如果你不想被苦难牵着鼻子走，那么就先找准快乐的角度，把握好自己的心态，用微笑面对一切，如此，你会发现每天都有“蜜蜂”给你酿蜜。因此，你应该学着用积极的心态来感受，用积极的眼睛来注视，这样，即便日子如一团麻，即便这本经难念，那么你也会从中品尝到甘甜。

完美与否，其实只在一念间

喜欢较劲儿的人不甘于生活本身不够完美的样子，总是不停地追求着内心所勾勒出来的完美。岂不知，不管他们做多大的努力，只要追求完美的心思不放下，那就永远有无法弥补的遗憾和永远无法企及的高度。

“每天睡到自然醒，事少钱多离家近。家庭美满身体健，日日快乐日日闲……”这是一则搞笑短信中的内容，话虽登不得大雅之堂，但它的确道出了我们大多数人的“美好愿望”——渴求完美生活的愿望。

可是，对这些渴求生活完美的人来讲，完美就好比被他们追着跑的太阳，看得见却摸不着，它永远是那么遥不可及。既然遥不可及，就注定了它不被拥有，它永远只能是“水中月，镜中花”。

已过而立之年的杰克一直没找到理想的对象，当他听说有一家新开的很特别的婚介所开张后，便马上去应征。

杰克走进婚介所之后，发现里面还有两扇门，一扇门上写着“美丽”，另一扇门上写着“不美丽”。他毫不犹豫地推开标着“美丽”字样的那道门走了进去，接着他又连续推开了标着“年轻”、“温柔”、“高雅”等字样的门。

可是，当杰克推到第十扇门的时候，他看见那道门上赫然写着这么一行字：对不起，您追求的对象过于完美，您还是到天上去找吧。

这个故事告诉我们，世界上压根儿不存在十全十美的人和事物的，我们根本无须徒劳寻求完美。

但是，我们也必须承认，在我们身边的有些人，追求完美是他们心中坚定的信念，只是我们不能不遗憾地说，他们忽略了完美是个有号召力的口号，也是一个漂亮的陷阱。当自己深陷里面的泥塘，却还误以为躺在柔软的席梦思床上，实际上等于自己一头扎进完美自身所造成的误区，只不过这种误区通常是以漂亮的面貌来向我们招手。于是，很多人就这样被虚荣蒙蔽双眼，在完美的泥潭里渐渐地失掉生活的原汁原味。这样的人，恐怕用“可悲”二字形容都不为过。

可是很遗憾，这两个字还真是大有用处，看看我们身边，有多少人在恋爱的时候，恨不得自己的头上可以多长出一只眼睛，或者拿着放大镜将未来的老公或者老婆的面貌、身高、学历、家庭、财产等一一进行剖析，担心一不留神而放过一点儿“蛛丝马迹”，从而影响自己的“完美计划”。于是，众里寻他千百度，万里挑一，你终于遇到了你心目中的那个“完美女神”或者你命中注定的“白马王子”。可是等到真正开始柴米油盐的生活时，你嫌弃他睡觉之前不洗脚、用手抠脚丫子不卫生，他埋怨你“事多”，对方的“完美形象”也随之灰飞烟灭了，尽管有种种“心里过不去的坎儿”，但从大局出发也只好忍了。

不过，到这个时候还不算完，因为对大多数追求完美的人来讲，往往会拥有了新一轮追求完美的机遇，比如，有了孩子，为人父母，这时候，他们就会将当初对爱人的完美要求转移到对孩子的要求上来，一心想把自己的孩子培养成为“人中之龙凤”，让他们上最好的小学、最好的中学、名牌的大学，最后再出国深造，一切看起来完美得不像话，但是最后，你的孩子真的能如你所愿，实现你寄予他（她）的一切厚望吗？如果你的希望全部泡汤，你的下一个完美追求又该往何处安放呢？

在此，我们套用那句“高尚是高尚者的墓志铭”，可以说，“完美是完美者的墓志铭”，对于完美主义者来讲，他们的“完美”欲望会随着时间和环境的改变芝麻开花节节高。比如，对于一个女性来说，光有香奈儿的衣服还不够，最好还要有一个上档次的LV的包包，这样就完美了，殊不知，这种完美只是虚荣的幌子。如果哪一天，她又开始盯上了爱马仕，那是不是LV就是多余的点缀了呢？同样地，对于男人来说，有豪车名宅，似乎还缺少点儿浪漫，这时候，有一个温柔体贴的情人就完美了。但是，即使是这样也总有吃腻的时候，如果哪一天你厌倦了这所有的一切，那么你想要的完美又“何处是归鸿”呢？

既然如此，我们就该让自己认识到，不管做多大的努力，只要追求完美的心思不放下，我们就永远有无法弥补的遗憾，不管怎么追求，还是有我们无法企及的高度。说到底，这就是生活本身的样子，它总是在完美这件事上和我们不停地较劲儿。

如此看来，我们着实有必要摒弃过分地追求完美的心理。古人有言：“月有阴晴圆缺，人有悲欢离合。”既然月亮都不可能永远是圆的，那么我们又何苦去强求生活的完美呢？更何况，我们认为达到的“完美”只是我们的一种局限认知，人总要成长，我们对完美的定义也会逐渐地发生改变，从这个意义上来说，完美是不存在的。

再退一步讲，如果我们认为自己的生活“完美”了，那么在我们的内心深处，生活于我们而言也就没有什么乐趣了，因为那是一种可怜的生存状态，我们将再也无法体会到生活有所追求、有所希冀的感觉，我们甚至也无法体会到得到自己一直追求的东西的那种无与伦比的喜悦之情。这样的“完美”，你还会要吗？

人生如戏，是悲是喜，全看你如何演绎

人生就如一场戏，有悲也有喜。有的人可能悲苦多一些，有的人或许喜剧成分多一点儿。当我们不幸成为悲苦的那一个，不妨学着用喜剧的方式来演绎悲剧的生命，若如此，生命或许就会呈现另一幅色彩。

作为万物之主的上帝，不会只赐予人类幸福，同时也会将不幸加诸在人类身上，也就是说，我们的生命中，总会有或多或少的悲剧成分，没有谁能够幸运到只拥有幸福。即便我们看到有些人表面上总是笑意盈盈，其真实的情况未必就是被幸福包围，因为很多人不会因为遭遇不幸就沉寂在委屈和哀伤中，而是努力让自己隐藏着不幸，让自己展露笑容，充满活力地过着每一天的日子。

小说《活着》想必大多数朋友都读过，这个故事让读过它的人有一种强烈的“虐心”之感，因为有太多的不幸加诸在主人公富贵身上了，让我们既同情又悲悯，还无奈。但是许多年过去，这位老人依然好好地生活着，悲剧和委屈没有在他的身上留下痕迹。或许我们可以说，这位老人懂得用喜剧的方式来演绎自己悲剧的生命。

因此，当我们遭遇不幸，而看到他人却总是笑容满面的时候，不要以为上帝偏袒了别人，亏待了自己，说不定对方的不幸比你还要大还要多呢，只不过，对方善于隐藏罢了。说到底，每个人都会遇到悲伤的事，我们只有笑对不幸，就会

从内心里认为一切都没什么大不了。假如此时此刻，正在读这本书的你还无法从曾经不幸的生活阴影中走出来，那么就请你告诉自己：过去的一切不幸都是纸老虎，碰一下它，它立马会破掉。

当我们在为自己的不幸感到沮丧时，不妨想一想，在这个世界上,总有比自己更不幸的人，那些人都能从不幸中走出来，自己也没问题的。我们要告诉自己：虽然不幸的出现让我们恐惧和担忧，但这种恐惧和担忧不会纠缠我们一生。只要我们充满激情和勇气，微笑着面对人生，那么就会将悲剧转换成喜剧。

第 2 章

如果不是经受折磨，人生不会破茧而出

立于苍山之上的青松，只有历经风吹雨打才能茁壮成长；而温室里的花朵虽灼灼其华，却因为被保护得太好而异常娇弱，一旦离开“温柔乡”一般的生存环境，就会迅速枯萎、凋零。我们的生命也是如此。那么，为了让我们的生命之花得以绽放，就要主动去经历煎熬，让痛苦和委屈帮助自己蜕变。只有这样，我们才能开创出一个崭新的人生。

折磨你的人，也是你该感恩的人

对手就像是推动我们不断进步的一双手。当我们被对手追赶，并很可能被超越时，我们才会毫不懈怠、全力以赴地奋力拼搏，这让我们始终向着更好的方向发展。所以，面对和自己匹敌的对手时，我们应该以欣赏的目光去感谢他们。

我们都知道这句俗语："刀不磨，不锋利，人不磨，不争气。"现实生活中，谁都免不了遭受这样或那样的大大小小的折磨，比如：对手的百般打击、上司的百般刁难、同事的冷嘲热讽、朋友的风言风语……

可是你知道吗？这些看似与自己为敌的人，往往也是你的贵人。所以，你还是把一时激动而产生的怨恨情绪收藏起来吧，试着积极地面对他们，因为毕竟是他们激发了你的斗志，磨炼了你的意志，而这些，不正是促进你不断前进的推动力吗？

身为爱尔兰著名女作家的梅芙·宾奇曾经是一所学校的老师，由于收入很低，她的生活过得很是清苦，总是需要向别人借债度日。后来，由于债主的百般催逼，促使梅芙·宾奇拿起了笔，通过写文章来挣钱还债。经过一番努力后，梅芙·宾奇的名字渐渐地在爱尔兰变得家喻户晓。很多年后，当她在公共汽车站偶遇到当年那位催债的债主时，她不胜感激地说："谢谢您，是您把我逼成了畅销书作家！"

可见，梅芙·宾奇的成功正是来源于债主的"逼迫"。如果债主当时没有给她压力，也许她仍然生活在碌碌无为之中，还过着拮据的生活。从这个角度来说，一个没有厄运、没有对手的人，是很难成为强者和有所作为的。

美国著名的成功学大师卡耐基说：“一个人在饱受对手折磨的背后隐藏着未来的成功，所以，敌人是促进你取得成功的源动力。”一位企业家也说过：“很多时候，我们在与对手的较量中，往往比通过其他渠道学习要迅速、深刻和持久。这是因为这种较量能让我们更深入地了解社会、接触现实，无形中让我们得到了提升和锻炼，从而为我们铺就了一条通向成功的道路。”

从这些话语中，我们可以感受到，如果我们能够以感激的心态对待那些折磨过我们的人，我们就不再是一个悲观消极、面对苦难掩面而泣的人，而是一个在道路上无往不胜的勇士。

有着汽车大王之称的亨利·福特出生于密歇根州的格林费尔德城，福特的父亲是当地一个农民，他在家排行老大，所以从13岁开始，他就在一家私人加油站打工养家糊口。

一开始，福特想学修车，因为他很早就对机器类的玩意儿感兴趣。但是，起初老板也只允许他在前台接待顾客、打打杂。老板是个极为苛刻的人，每次都不让小福特闲着，每当有汽车开进来时，都会让他去检查汽车的油量、蓄电池、传动带和水箱等。后来，老板又会让他去帮助顾客擦车身、挡风玻璃上的污渍。

曾经有一段时间，每周都有一位老太太开着她的车来清洗和打蜡，这辆车的车内踏板凹得很深，很难打扫，并且这位老太太极难说话。每次，当福特给她把车清洗好后，她都要再仔细检查一遍，并让福特重新打扫，直到清除掉车上的每一缕棉绒和灰尘，她才会满意。

直到有一天，小福特忍无可忍，不愿意再为她服务了。这时，店老板厉声斥责他说：“你不愿干就赶快滚，你自己看着办吧！”

顿时，小福特心中备感痛苦，回家后就将事情告诉了父亲。没想到，他的父亲却笑着告诉他：“好孩子，你要记住，这是你的工作责任，不管顾客与老板说什么，你都要尽力做好你的工作，这将会成为你的人生财富。”

听了父亲的话，小福特思考良久，在以后的日子中，不管老板与顾客怎样刁难他，他都会以微笑视之，并努力将事情做好。几年后，福特凭借自己的各种基本洗车技术以及在顾客中的良好表现，开起了自己的店面，最终成为世界级的“汽车大王”。

可以说，福特有一个好父亲，是父亲在关键时刻的教导让他学会了承受，福特的成功与他懂得感激那些折磨自己的人有着极大的关系。我们常说“吃一堑，长一智”，那些让我们吃一堑的人正是给我们一智的客观条件。既如此，我们又有什么理由不对对方心存感激呢？如果没有他们，或许就没有我们今天的成就。

有一位媒体记者曾经向“奔驰”的老板提问：“奔驰车为什么能进步得如此之快，迅速风靡世界？”该老板回答道：“因为宝马将我们追得太紧了。”几日后，记者又问“宝马”的老板同一个问题，宝马的老板回答说：“因为奔驰跑得太快了。”正如希腊船王欧纳西斯所说的：“要想成功，你需要朋友；要想非常成功，你需要敌人。”

梅芙也好，福特也罢，很多实例都说明了对手就像是推动我们不断进步的一双手。当我们被对手追赶，并很可能被超越时，我们才会毫不懈怠、全力以赴地奋力拼搏，这让我们始终向着更好的方向发展。所以，面对和自己匹敌的对手时，我们应该以欣赏的目光去感谢他们。

感恩挫折，它就成为了一种力量

> 虽然我们不会主动选择失败和痛苦，但是失败和痛苦却会选择我们。所以，我们只有面对、只有接受。受挫一次，能让我们对生活的理解加深一层；失误一次，能让我们对人生的醒悟增添一阶；不幸一次，能让我们对世间的认识成熟一级。

每个人都希望品尝胜利与成功的喜悦，而不愿意去体味失败与痛苦的煎熬。可遗憾的是，“万事如意”、“马到成功”只是人们的美好心愿，现实中是很难实现的。

应该说，挫折是人生的伴侣，困境是现实存在的，我们都不能否认这样的生活常理。但是，相同的境遇投射到不同的心之屏幕上，便会映照出不同的结局。现实生活中，总有很多人非常害怕遭遇困难，一旦陷入逆境之中就哀怨不已，而不是想方设法走出逆境。而也有不少人在遭遇困境时，从心底发出这样的声音：“人生之路无坦途，学会接受天地宽。”

如果一个人不能接受失败，那么也就意味着他太想成功了。从心理学上解释，一个人的期望值越大，心理承受力就会越小，就越经受不住失败的打击，也就越容易失败，还不如怀揣一颗平常心，“但行好事，莫问前程”，往往成功的几率反而更大。

曾担任美国福特与克莱斯勒两大汽车公司的总经理的艾科卡一向对自己要求

严格，从21岁到福特公司任职，他在工作上就一直十分努力，他要求自己事事都有完美表现，最后他终于摇身一变而成为福特公司的总经理。

然而，命运却跟他开了个不小的玩笑，他在1978年7月13日被妒火中烧的老板亨利·福特二世给开除了，这对于艾科卡来讲无异于晴天霹雳，因为他个人在事业上可说是一帆风顺，绝对没想到自己竟会被老板开除。一夜之间，艾科卡如同从云端重重落下，周围的人们开始远远避开他，就连过去公司的好同事也都抛弃了他，这些都让艾科卡遭遇了生命中最严重的一次打击。

当时，他彻底失去了信心，觉得自己完蛋了。然而，一则招聘启事又点燃了艾科卡心中未灭的火种。通过面试，艾科卡进入了当时濒临破产的克莱斯勒公司，出任总经理一职。凭借着他过人的智慧、胆识和魄力，他大刀阔斧地对克莱斯勒企业进行整顿与改革，同时向政府求援、舌战国会议员，取得了巨额贷款，重振了企业的雄风。

1893年7月的一天，艾科卡将面额高达八亿多美元的支票亲手交给银行代表。至此，克莱斯勒终于还清了所有的外债。巧合的是，五年前的这一天，正是艾科卡被亨利·福特二世开除的日子。

从故事中我们可以感受到，尽管挫折使我们痛苦，但同时它又是一种考验和挑战，激励我们成长、成熟。其实，这也是生活的一种方式，也就是说，问题的关键不在于挫折的有无和强弱，而在于我们对待挫折的态度。有些挫折看上去很可怕，可是更可怕的是我们对它屈服。对付挫折有许多方法，可以尝试着驱逐它、磨平它、克服它，只要我们有信心、有勇气，我们就能踩过泥泞、走过风雨，就会看见成功就在我们面前。

一个叫丁羽的男孩由于各方面表现优异，被老师、家长们一度奉为“神童”，丁羽本人也在这种“光环”下优哉游哉，认为考入北大或清华应该不成问题。

然而，当丁羽的家长一次次被老师约见、指出丁羽的问题时，他的父母才大吃一惊。中考的时候，丁羽有两科都发挥失常，离首都师范大学附属中学的录取线竟差了7分，虽然丁羽被该校提前保送，但考出这个分数多少还是出乎预料的。

由于不够该校录取分数线，学校不得不使用有限的指标去“捞”他。

考出这样的成绩，丁羽也感到无地自容，昔日“神童”的感觉荡然无存。在挫折面前，是奋发还是急流勇退，丁羽走到了十字路口。

好在丁羽及时调整了自己的状态，从盲目乐观恢复到脚踏实地。功夫不负有心人，丁羽在开学后的分班考试中名列前茅，被分在了重点班，以实际行动证实了自己的实力。

2003年9月的一天，丁羽以超出录取线近20分的成绩被北大信息技术学院录取。

丁羽的父亲在后来的回忆中提到：经过那次挫折的磨炼后，我的孩子成熟了很多，也进步了很多。我知道，他的这种成熟和进步不仅在于认识到自己的差距而幡然悔悟，更重要的是他在痛悔中奋起直追而获得成功，从中体会到意志的力量。而丁羽本人在回忆起当初这段往事时，在一篇作文中这样写道：“时间花在哪里，哪里就会闪光。”

作为一名优秀的北大学子，如果不是经历了一番挫折并及时地在挫折中幡然醒悟，或许他的人生之路将被改写。

由此看来，挫折对于我们而言或许是试金石，而并不是垫脚石。

虽然我们每个人都希望挫折能摇身一变成为光明的坦途，这样就能让自己轻松行走在人生路上，但困难与挫折总是在所难免，想让挫折主动变成坦途只能是一种痴心妄想。不过，挫折变坦途不是没有可能，关键是自己要发愤图强、努力奋斗。只有我们笑对挫折、勇敢前进，我们的人生才能精彩而丰富，我们才能在未来的旅途中少一些磨难，多一些顺畅。从这个角度来讲，我们是不是应该感恩挫折？因为正是它的存在，让我们认识到了自己的不足；也正是它的存在，让我们增加了前进的动力、挖掘出了自身的潜力。

因此，我们无须抱怨命运的残酷，当我们默默地在岁月中跋涉时，会在某个不经意的瞬间发现，痛苦和不幸居然为自己带来了可贵的品质，比如自尊，比如坚韧……此时，我们才恍然大悟，原来，人生的痛苦并不尽是坏事呀！客观地讲，痛苦对于我们的生命来说也是一笔宝贵的财富，它和幸福和快乐一样，都值得我们珍惜。

古往今来，有多少仁人志士都能够直面人生的困苦，并战胜人生的挫折，最终给世人留下永恒的记忆。“山重水复疑无路，柳暗花明又一村”是陆游的路，在人生的挫折面前，他是如此的自信；“千磨万击还坚韧，任尔东西南北风”是郑板桥的路，当面对挫折，他能秉持如此豁达的态度和坚毅的品质；“苦心人，天不负；卧薪尝胆，三千越甲可吞吴”是越王勾践的路，对于挫折，他学会了蔑视、学会了坚强……

事实上，每个人在自己的人生旅途中都会经历挫折和痛苦。面对挫折和痛苦的时候，我们只有具备百折不挠的意志，才能跨越挫折所布下的障碍，成功到达理想的彼岸。

所以，感谢那些挫折与痛苦吧。要知道，缺少痛苦的浸润，人生就会变得肤浅和苍白；没有痛苦的洗礼，生命便显得单薄和脆弱。而真正的痛苦可以让人冷静、使人深邃、催人成熟。有了痛苦，我们的人生才会变得有滋有味、丰富多彩。

谁能没委屈，看得开才能活得痛快

> 有些人之所以能看到“柳暗花明”，不是因为所谓的运气好，只是因为他们的心境一直都保持豁然开朗。既然把凡事都看“开”了，那么生活的僵局也就自然而然地向你展示它的真面目了。

置身于光怪陆离、千变万化的社会，我们或多或少都会经受一些委屈，很多时候，明明自己是对的，却无端地受到了指责、怒骂或是嘲笑，甚至有的时候自己根本没有做错任何事，却生来就活在困苦里，总是难以翻身。

可是你想过没有？在这个充满温暖又不乏狂风暴雨的世界上，没有谁能够始终无忧无虑地走过漫漫一生。不管多么强大、多么幸运的人，在深邃、深沉的生活面前，也会不可避免地遇到这样或那样的委屈。

或许你会认为，位高权重、日进斗金者呼风唤雨，不会有什么委屈，可实际上并非如此，哪怕是世界500强公司的领导，也不得不为企业持续发展和不断壮大耗心费力；一个再有钱的大老板，也不得不想方设法地多赚钱，为此四处奔忙，从而失去了很多陪伴家人的时间，也就享受不到天伦之乐。这样的他们，何尝不是一种委屈？

所以说，委屈就像家常便饭，每个人都逃不掉。我们观照一下自己的内心，是否有这样的感受：当被人误会时会感到委屈，当朋友和自己不再那么亲近时会感到委屈，当付出努力却没有得到收获时也会感到委屈，当无法完成身边人的期望而被埋怨时同样会感到委屈……如果你也有同感，那么不妨看看下面这个故事吧。

寺庙里运来一块巨大的大理石，经过雕刻工匠们的加工后，它被切割成大大小小好几块。工匠们挑出了最大的一块，将其雕塑成佛像，使其享受人间香火，受人们的顶礼膜拜，而那些小块的大理石被简单切割后，铺在了佛像前面，供香客们行走、踩踏。

在一个月朗星稀的夜晚，被铺成台阶的大理石终于忍不住内心的委屈，对着佛像抱怨道："真是太不公平了，我们都是石头，为什么天天有人给你上香、膜拜你，而我们却日日受众人踩踏?"佛像说："当初工匠们只动了六刀，就让你变成了台阶；而我，却是在忍受千刀万剐后才变成佛像的。"

所谓"天本公平，不公是人心"，每人付出的努力不同，做出的牺牲不同，收获自然也不同。任何人想要站在一定的高位上，都要付出代价，谁也别指望着天上掉下金砖来，而且碰巧砸到你头上。

或许你会说，饱尝委屈的滋味儿已经够让人难受的了，谁还有工夫去谈论什么付出和收获的问题？那些劝说把委屈当动力的人简直是"站着说话不腰疼"。

我们不否认，受委屈的滋味儿的确不舒服，但我们如果能够把心放宽一点儿，压在心中的委屈就会像慢慢跑气的气球一样逐渐变小。

我国古代，梁国有个叫宋就的人在一个边县当县令，这个边县的位置比较特殊，正好处在与楚国交界的地方。梁国的边亭和楚国的边亭都种瓜，因为梁亭的人比较勤劳，整天有人施肥浇水，所以梁亭的瓜长得又大又好。而楚亭的人则截然相反，他们不爱劳动，疏于对瓜的照顾，于是他们的瓜就长得又小又难看。

楚国的县令看到梁亭的瓜长势很好，就非常恼怒自己的瓜长得不好，于是楚亭的人就想方设法地去破坏梁亭的瓜，梁亭的瓜遭受到重创，几乎所有瓜的瓜藤都给糟蹋了，梁亭的人知道了这件事情后，都义愤填膺地跑去找宋就，希望得到县令的应允，来个以牙还牙。

宋就听完整件事情的经过之后摆摆手说："怎么可以这样干呢？这样只会让两国之间的恩怨越结越深，人家对我们不好，我们看不惯人家的行为，但是我们如果再仿效他们的行为进行恶意报复，那这不就是'打自己的脸'吗？这样只会闹得双方都不愉快。你们听我的，每天夜里轮流派人去偷偷地给楚亭浇瓜，千万不要让他们知道。"按照县令的吩咐，梁亭的人每到夜里的时候就会去给楚国偷偷地浇瓜。

时间一天一天地过去，楚亭的人发现瓜的长势越来越好，他们感到非常疑惑。为了解开这个疑惑，楚亭的人就暗中调查此事，最后得知是梁亭的人干的，楚国的县令把这件事情反映给了楚王，楚王听说后感到非常惭愧。为了表示自己的歉意，他马上派人给梁王送去了厚礼，此后，两国边亭一直都和睦相处。

故事中，宋就这样的胸怀的确令人感佩。面对委屈，他没有懊恼，更没有报复。可是反观现实生活中的我们，则常常弗如甚远：别人侵犯到我们的利益，我们会毫不犹豫地竖起自己坚硬的刺来进行反击。

事实上，这种"睚眦必报"、绝对不允许自己吃一点儿亏的心态是很多人思想中的劣根性使然，这样的做法只能说明一件事情：你看不开、想不开，所以你走不出死胡同、你不快乐。

要知道，生活并非会一帆风顺地进行下去，它会给我们出各种难题来"刁难"我们。当这些"难题"直面而来的时候，我们是否已经准备好迎接的姿势？是否会想一想，生命本身就是一场轮回，珍惜当下，就不会遗憾失去了？

古人说："忍一时风平浪静，退一步海阔天空。"换言之，当我们凡事尽量往"开"了想，就自然没有那么多烦恼了。

其实，看得开、想得开，也是一种难得的豁达之境，就像诗人弥尔顿一生经历无数的艰难困苦，但他始终乐观、爽朗；他的眼睛意外地失明，他的朋友背弃了他，他连遭凶险，"前途一片光明，令人毛骨悚然的危险声音一直在耳边吼叫"，但是弥尔顿并没有因此而放弃希望，而是以一颗包容的心来接纳了这一切不幸，振作起来、勇往直前。

先检讨自己的行为，再考虑是否叫屈

> 没有几个人会闲着没事做，故意去找我们的麻烦，所以我们不要把自己看得太重要了。当察觉到别人对我们变得不友好的时候，我们不妨反思一下，看看是不是自己在哪方面做得不好。

当我们因为某些事情感到委屈的时候，往往会禁不住找人诉说，希望以此获得别人的安慰、理解，最好能帮助自己伸张正义。

但是这样做的结果却没有我们想象的理想，因为委屈有时候就像是一道无解题，没有解决的方法，也没有明确的缘由，但这并不表示所有委屈都没有原因，很多时候，我们之所以感到委屈，往往是和自己的错误行为密不可分的。

可是，又有多少人能认识到自己的错误呢？

我国古代思想家老子说："自知者明。古希腊思想家苏格拉底说："要认识自己。"两位不同国度的圣人差不多在同一时期对"认识自己"有如此相似的看法。从中不难发现，认识自己、有自知之明对任何一个人来说都是非常重要的，只有静下心来审视并修正自己的不足、检讨自己的行为，才能图以大志。

然而，现实中的情况着实让我们感到遗憾，因为不少喜欢叫屈的人恰恰欠缺"自知之明"。当遭遇一些不称心的事情时，他们不去找原因、想解决的办法，而是哭天喊地地为自己叫屈。

在某外资企业任人力资源助理的郑强接到小舅子王征的来电，王征说他的工作遇到了很大的麻烦，郑强让他说说具体情况，王征说：“我觉得我已经够认真负责的了，可是部门经理却说我不踏实，故意给公司惹事。他的话让我感到委屈极了，把工作弄砸也不是我存心的呀！我真想辞职不干了。”

郑强听完王征的话，并没有立刻安慰他，而是建议他反思一下自己在公司里的行为，看看有没有做错或是触犯领导禁忌的地方。最后，郑强还对王征说：“其实，在咱们生活或工作的环境中，故意愿望人的人，其存在概率是很小的。”

到了周末，王征来到郑强家，他告诉郑强，说自己找到了问题的根源，原来他有爱喝酒的毛病，每当部门聚会，他都会喝很多酒，之后就会向同事大发牢骚，埋怨公司如何“剥削”他们，有时候趁部门经理不在，还会说点儿经理的坏话，当这些话传到经理耳朵里后，他自然就成了经理的眼中钉。

郑强听完，嘴角向上弯了弯，他就知道王征的叫屈肯定有其自身的原因。在郑强的建议下，王征主动向领导认了错。

只能说，王征应该庆幸自己有个“孔明”一般的姐夫，如果不是这样，他没准还纠结在委屈里，或者辞职再谋其他差事。

现实中有很多人和王征类似，当别人冤枉了自己，他们就会想当然地认为错的就一定是对方。岂不知，没有几个人会闲着没事做，故意去找我们的麻烦，所以我们不要把自己看得太重要了。当察觉到别人对我们变得不友好的时候，我们不妨反思一下，看看是不是自己在哪方面做得不好。

还有一些时候，我们会遇到他人出言不逊、肆意嘲笑的事情，这时候我们往往会感到委屈，并觉得对方太可恶、太缺乏教养了，但我们是否想过，多数情况下，别人的这种做法并不是无缘无故的。因此，当遭遇别人的嘲笑时，我们先不要急着生气，而是静下心来检讨一下自己，看自己是不是在某些方面做得不够好。这种检讨自己的行为习惯对于我们拥有良好的人际关系和和谐平稳的心理状态是大有裨益的。要知道，如果我们面对他人的嘲笑，只知道用同样恶毒、不中听的语言予以还击，而不知道自我检讨的话，那么，我们就很有可能会遭到更多人的嘲笑。

一位刚走出校门不久的女老师为了让课堂更生动，她会用常见的事物代表“数字”。有一次，她在黑板上画了一个苹果，然后问孩子们：“你们说，这是什么呀?”孩子们异口同声地回答：“屁股。”

听到这样的回答，年轻的女教师顿时愣在讲台上，与此同时，她看到的是孩子们一个个笑呵呵的脸蛋，当时，她觉得孩子们是在嘲笑她，让她难堪，于是就跑到校长那里告状。

校长走进教室，表情严肃地说：“孩子们，你们怎么这么淘气？把老师都气哭了？呀！还在黑板上画了个屁股。”听完校长的话，孩子们面面相觑，女老师不禁尴尬地低下了头。

俗话说：“群众的眼睛是雪亮的。”不管是学生们还是校长，都把“苹果”看成了“屁股”，这委实不是孩子们的错。而这位老师呢？没有及时检讨自己的行为，还找校长告状，最后被校长一句无心的话指出毛病，最终让她明白错的到底是谁。

现实生活中，自我检讨就像一面镜子，它能帮助我们看到自己身上的不足、让我们知道自己哪里错了、正确的做法应该是什么。因此，当我们为某件事感到委屈时，就应该及时地照照“自我检讨”这面镜子，有错误就改，没错误就让一切云淡风轻。如果不知道检讨自己，我们心中的委屈或许永远也得不到平息，我们的错误也很难被纠正，这样一来，想获得较为理想的自我提升也就困难许多了。

可以说，拼搏、奋斗于茫茫人海，我们能否充分地认识自己并不时地检讨自己，将决定我们以后的人生命运。

“不幸”的别名叫做“通向成功的阶梯”

通往成功的阶梯是布满荆棘的，我们要想爬上去，必须经过严格的“考试”。要知道，成功的人不是从来未曾被困难击倒的人，而是在被击倒后能够站起来并积极地往成功之路迈进的人。

人生在世，鲜有永远都是顺遂的，多是在不幸和平淡的交错进行中日复一日地生活着。不幸的遭遇往往被人们报之以唉声叹气，可是有人会把它看做是“阶梯”，它的顶端连接着叫做“成功”的东西。当然，这个阶梯爬起来是很有难度的，它全身布满荆棘，而且有时让人感到冰冷刺骨、有时让人感到炙热难耐，然而就是这样一个折磨人的阶梯，你一旦爬上去了，就会获得人生的成功和内心的解脱。

我们不妨看看那些成功人士的履历，他们之所以能够成功，并非是有多么智慧的头脑，也不见得有多么难得的机会，而具有普遍意义的是，他们的成功大多和不幸的生活有着莫大的关系。

举世闻名的大文豪高尔基早年丧父，11岁时就给资本家当徒工，经常受冷挨饿。不幸的童年生活让他有了深厚的生活阅历，使他更加深刻地懂得了人生，这为他后来的文学创作打下了坚实的基础。

世界著名的盲聋女作家、教育家海伦·凯勒，她在一岁半的时候因患猩红热而失去了听力和视力，同时也丧失了说话的能力。

类似这样的成功人士还有很多。其实，在我们看到或者看不到的地方，有很多人正是因为在历经不幸的遭遇后奋发图强并最终走向成功的。在这些人当中，不仅仅是家喻户晓的那些名人。

作为一名建筑师的克斯特在一次施工事故中不幸失去了双腿，每当他想到在以后漫长的生活中，自己永远无法再自由行走时，就感到十分委屈和绝望。有几次，他甚至想到了自杀。

克斯特的家人为了帮他调整情绪，做了大量的工作。一次，他们所在的城市要举办一个残疾画家的个人画展，克斯特的家人便带着他一起去了。

当克斯特在展厅转了一圈之后，他把目光盯在了大厅一角的一幅水彩画上，看得出，克斯特被这幅画深深打动了。

原来，那幅画画的是一片金色的海滩，海滩上搁浅着一条船，那条船看起来十分老旧，但仍然头朝大海，好像随时准备着出航。克斯特发现，在那稍稍倾侧的船体下只有一小洼清水，根本无法将其送入大海。但是，在画的右侧写着一行非常有力的字："相信吧，潮水会回来!"

看到此，克斯特仿佛一下子从画中感受到一股强大的力量，这股力量震撼着他、鼓舞着他。此后很长一段时间，克斯特都被那位残疾画家的精神以及他的话感动着，于是，他决定让家人陪他去拜访那位老画家。

当克斯特在家人的陪伴下终于来到老画家家里时，映入他们眼帘的是半躺在床上的老画家正用两个枕头垫着后背，在画板上作画。

谁都知道，那样的姿势是会让老画家很痛苦的，但是在老画家枯瘦的面孔上，克斯特一点儿也察觉不出有痛苦的神情。见有客人到来，老画家将画笔放下，然后面带微笑地和大家打着招呼。

在与老画家的交谈中，克斯特坦诚地说："见到您之后，我开始为自己曾经的怯懦感到羞耻。"

几年过后，这位重新振作起来的建筑师——克斯特成了当地建筑领域的佼佼者。

不可否认，克斯特是不幸的，身体健全的我们根本无法想象失去双腿的人该怎么生活，就像刚出事故时的克斯特一样。不过，幸运的是，克斯特遇到了身患严重残疾但有着超强意志力和乐观精神的老画家，老画家的精神和顽强的意志鼓舞了他，让他感受到了力量。

可见，不是人们没有与命运抗争的能力，而是缺乏与命运抗争的决心。如果拥有了决心，人们就能迈过不幸，进而取得成功。

约翰参加一个名流聚会的时候，在酒精的刺激下，他向自己的朋友，也是后来的英国首相丘吉尔讲述了自己充满苦难的过去。

约翰是个穷人家的孩子，而且父母在他年幼时就离世了，是姐姐用帮人洗衣服、做家务挣来的钱将他抚养长大的。好不容易长大了，姐姐也出嫁了，可是他的姐夫却不同意让约翰跟着他们生活，索性厌恶地将他撵到了舅舅家。

让约翰难过的是，舅妈更是自私，每天只给他吃一顿饭，还命令他收拾马厩和剪草坪，小小年纪的约翰却已饱受了委屈。后来，他研习一门木工的手艺，由于租不起房子，就住在郊外一处废旧的仓库里，一住就是两年。

听了约翰的遭遇，丘吉尔感到很惊讶，他没想到这样一个在商界中举足轻重的富贵人士竟然经历过那么多不幸。丘吉尔好奇地问约翰，之前在遭受苦难、忍受委屈的时候为什么不说出来，寻求帮助呢？

约翰淡然一笑，回答他："正在受苦或正在摆脱受苦的人是没有权利诉苦的。我如今很富有，可以说是苦难给我带来了财富。但我的苦难变成财富是有条件的，这个条件就是，我用自己的双手战胜了它。"

约翰用不屈的斗志向不幸宣战，并最终"用自己的双手战胜了它"，让自己攀登上了成功的阶梯。这种精神、这样的做法实在让我们敬佩。

可以说，通向成功的阶梯是布满荆棘的，我们要想爬上去，必须经过严格的"考试"，凡是能通过如此考验的人都有可能将曾经的不幸化作成功和财富，将委屈化作动力和信念。

常听人说，最幸运的人也往往是最不幸的。也有人说，成功的人不是从来未曾被困难击倒的人，而是在被击倒后能够站起来并积极地往成功之路迈进的人。的确，如果不幸不能让我们低头，那么就会助我们成功。

当我们看到成功者的头上戴着闪亮的光环，而自己却那么卑微地生活着时，或许内心会充满委屈。有委屈能够理解，但是我们不能因为委屈就埋怨人生不公，因为有很多成功人士都是从风雨和不幸中一路拼杀过来的，我们应该从这些成功的人身上领悟什么叫“不经风雨不见彩虹”。

因此，当我们陷入不幸、徘徊在人生的低谷时，不要急着为自己叫屈或埋怨，我们首先要用清醒而理智的头脑认清楚不幸，并要用坚强的意志战胜不幸，当我们把不幸打败时，我们就会成长为一个真正顽强的人、一个成功的人。

换一种思路看竞争，让自己“爱”上对手

对手是每个人的生命里都会出现的“角色”，所不同的是，懦弱的人认为对手是障碍，会阻碍其前进的步伐；强者则认为对手是力量，会推动其不断创造辉煌。

现今社会，由于激烈的竞争，让我们随时都有可能遇到对手，让我们面临竞争的挑战。利益上，你追我赶、荣誉面前，你争我抢，此时，大多数人的内心平衡被打破，会对竞争对手产生怨恨、畏惧、逃避等消极心理。

其实，这种思维方式是非常狭隘的，因为当事人没有看到竞争所给予自己的不仅仅是危机和斗争，还是一剂强心针，能够激发自己不断前进，以获取更多

更大的成绩和成功。

我们先来看看下面这个故事。

某家动物园为了吸引更多的游客，特意从遥远的美洲引进了一只剑齿豹。

这种剑齿豹的勇敢和凶悍是尽人皆知的，据说它一天能够捕捉三只羚羊，而其他的美洲豹再拼劲儿，一天也就只能捕捉一只羚羊。

面对这样一个“远方贵客”，动物园的管理员们想方设法给它好吃好喝的，每顿饭都特意为剑齿豹准备精美的饭食，不仅如此，管理员还特意开辟了一个不小的场地供剑齿豹活动。

可是，剑齿豹并没有因为受到特殊的对待而过得舒心，它整天都闷闷不乐的，看上去总是无精打采。

见此状况，动物园的管理员大惑不解，开始，他们以为或许是剑齿豹对新环境不大适应，过一段时间就好了。

可让他们没想到的是，两个月过后，剑齿豹还是老样子，它甚至连饭菜都不吃了，生命处在奄奄一息的危险状态。

眼看着“活宝”变成这样，园长可急坏了，他赶忙请来兽医多方诊治，可是没发现剑齿豹有任何病。

紧接着，兽医提出了一个建议：在剑齿豹生活的领域放几只老虎，或许能让剑齿豹打起精神来。

果然不出所料，人们发现，老虎的到来让剑齿豹时时处于警觉状态，每当运送老虎的车辆出现，剑齿豹就站起来怒目而视，摆出一副严阵以待的阵势。

没过多久，剑齿豹的活力逐渐恢复了，这时候，管理员们也长舒了一口气。

大自然的规律是“物竞天择，适者生存”，换句话说，没有竞争，就没有发展；没有对手，自己就不会强大。正是竞争的存在推动了我们的前进；正是对手的存在促使了我们的成功。

其实不难理解，一个人如果没有对手，再加上上进心不是很强的话，那么他就会甘于平庸、养成惰性，最终庸碌无为；在一个群体中间，如果缺乏竞争对手，就会使人丧失活力、丧失生机；在一个行业中，如果缺少对手，那么也容易让人丧失竞争的意志，就会因为安于现状而逐步走向衰亡。

因此，我们不应该消极地排斥对手，而应该积极地面对对手、主动参与到竞争中去。此时，对手会促使着我们不能退缩、不能松懈，时刻怀有无穷的动力，如此，我们必然能激发出自己最大的潜力，进而彰显出最优秀的自己。

众所周知，林肯是美国历史上最有影响力、最完美的统治者，无疑，他是一个优秀的成功者。之所以成功，除了林肯自身卓越的领导能力之外，与他重视、欣赏萨蒙·蔡斯这个有力的竞争者也有很大的关系。

1860年，林肯当选为总统之后，他决定任命参议员萨蒙·蔡斯为财政部长。

林肯把自己的想法告诉了参议员们，可没想到，顿时引起一片哗然，很多人都投出反对的一票。

对此，林肯颇为疑惑地问："萨蒙·蔡斯是一个非常优秀的人，为什么会引起这么多人反对呢?"

参议员们给出了这样的回答："萨蒙·蔡斯是一个狂妄自大的家伙，他狂热地追求最高上司权，一心想入主白宫。而且，私底下，他甚至认为自己要比你伟大得多。"

听完参议员们的话，林肯笑着问道："哦，那你们还知道有谁认为自己比我要伟大的?"

这些人不知道林肯为什么要这样问。

林肯解释说："如果你们知道有谁认为他比我伟大，你们要及时告诉我，因为我想把他们全都收入我的内阁。"

最后，林肯还是任命萨蒙·蔡斯为财政部长。事实证明，蔡斯是一个大能人，在财政预算与宏观调控方面很有一套。但是，对权力的崇拜使他对林肯一直很不满，并时刻准备着把林肯"挤"下台。

林肯的朋友纷纷劝说林肯最好免去蔡斯的职务，但林肯轻轻地笑了笑，表示自己对蔡斯满怀感激之情，是不可能罢免他的，朋友们对这样的说法难以理解，于是，林肯就讲了这样一个故事：

“有一次，我和我兄弟在肯塔基老家犁玉米地，我牵马，他扶犁。这匹马很懒，但有一段时间，它却在地里跑得飞快，连我这双长腿都差点儿跟不上。到了地头，我发现有一只很大的马蝇叮在它身上，我随手就把马蝇打落了，我兄弟问我为什么要打落它，我说我不忍心看着这匹马那样被咬，我兄弟说：‘哎呀，正是这家伙才使马跑得快嘛。”

然后，林肯意味深长地说：“现在有一只叫‘总统欲’的马蝇正叮着我，我会时刻提醒自己不能松懈，要不断地向前跑、努力做好自己的工作，否则，我就会被别人所替代。这也正是我能做好工作的主要原因。”

由此可见，对于一个想干出一番事业的人来说，他会将竞争当做自己不断努力的动力，无所畏惧地参与竞争，积极地迎接对手的挑战。也正是因为此，他们获得了不断的成长和强大，为成功打好了坚实的基础。

总之，竞争是一剂强心针、一部推进器、一个加力挡。面对竞争对手时，最好的做法就是相信自己，敢于迎接挑战、积极备战。唯有如此，你才能不断得到进步和成长，生命也才会更精彩。信守这个道理，你就会是最大的赢家。

失去有可能是另外一种获得

以灰色的眼光看待问题，就只能看到灰色的处境。如果你能够换一个角度、换一种心态，那么眼中的世界便焕然一新了。因此，遇事不妨换个角度想一想，另一番精彩的人生将展现于眼前。

不得不承认，我们生活的世界是一个流光溢彩、物质丰富的世界，因此很容易被越来越多的物质给诱惑，为此，我们常常会留恋很多他人正在享受而自己却不曾拥有的东西。于是，我们的精力分散了、信念动摇了，心中的欲望也就越发强烈了。名利、金钱、豪车、洋房……我们被这些东西所迷惑，心中只想得到，只想将其统统归于己有，而不想舍弃，更舍不得放下。

可是，我们或许不知道，许多的成败与得失并不是我们都能预料到的，很多事情也并不是我们都能够承担得起的，但是只要我们努力去做，求得一份付出后的自然，就能得到一份坦然的快乐。况且很多时候，失去并不意味着绝对的损失，它有可能是另外一种获得，关键在于你怎么看。

伟大的发明家爱迪生为了寻找适合做灯丝的材料，进行了一千多次实验，当有人嘲笑他的失败时，他却自豪地说："我已发现了一千种材料不适合做灯丝。"

这样的胸襟、这样的气度、这样的智慧，真让人拍案叫绝。而这一切，不正是源于爱迪生与众不同的思考角度吗？

我们都知道《塞翁失马》的故事，在此不妨再重温一下。

古代，两国边境的一个村庄里住着一位老翁，一天，他一不小心丢了一匹马，邻居们都为他叹息，觉得他遭遇了一件很不幸的事。可老翁却不以为然，他说："你们怎么知道这不是件好事呢?"人们听他这么一说，都觉得老翁肯定是急疯了。

让大家没想到的是，几天过后，那匹丢失的马又回来了，而且还领回来一群马。

这下可把邻居们给羡慕坏了，纷纷前来向老翁道喜，还怂恿老翁大摆宴席，庆祝一下这天上掉馅饼的大好事。

这次又出乎大家的预料，老翁不但不高兴，反而板着脸说："你们怎么知道这不是件坏事呢?"老翁的话让大家感到很扫兴，人们都觉得没准这老头子乐疯了。

没多久，老翁的儿子觉得新马好玩，于是骑上马，一不小心摔断了一条腿，众人都劝老翁不要太难过，老翁却笑着说："你们怎么知道这不是件好事呢?"邻居们都糊涂了，不知老翁是什么意思。

日子一天天地过着，不久之后，由于两国发生战事，年轻力壮的小伙子都被征去服了军役，到战场上打仗去了，而老翁的儿子由于是个跛子才得以留了下来，他和自己的父母在家乡大后方平静地生活着。

这个家喻户晓的故事正是老子的《道德经》所宣扬的一种辩证思想。塞翁并不像他的邻居们那样，因暂时的得失而或喜或悲，他从事情可能引发的结果来看待问题，从相反的角度去思考，"塞翁失马，焉知非福"，难道不是换个角度会更美的表现吗?

1980年，美国有一个叫希尔的年轻人去采访了美国最富有的人——钢铁大王卡耐基。

卡耐基在与希尔交谈后，很是欣赏希尔的才华，于是他就对希尔说："我要向你挑战，在此后20年里，你要把全部的时间都用在研究美国人的成功哲学上，然后得出一个答案。但条件是：除了写介绍信和为你引见这些人外，我不会为你提供任何的经济支持，你肯接受吗?"虽然没有任何的酬劳，但是，希尔相信自己的直觉，于是他爽快地接受了挑战，答应不要一丁点儿的报酬，为这位富翁工作20年。在一般人看来，希尔吃了大亏，因为这20年对于希尔来说无比珍贵，正是他年富力强、最能创造利润的时期。

最终的结果是，希尔获得了远比他应该得到的报酬还要多得多的回报。在接受挑战后的20年里，希尔在卡耐基的引见下访遍了全美国最富有的500名成功人士，写出了震惊世界的《成功定律》一书，并成为了罗斯福总统的顾问。

希尔之所以能够取得成功，就在于他不看重眼前的得失，这也是他能够取得成功的秘密所在。后来，希尔在回忆这件事情时说："全国最富有的人要我为他工作20年而不给我一丁点儿报酬，一般人在面对这样一个荒谬的建议时，肯定会觉得太吃亏而推辞的，可我没这么干，我认为我要能吃得这个亏，才有不可限量的前途。"

由此可见，真正的智者正是这些敢于舍得的人。

不经历煎熬，便不能化茧成蝶

“不经历风雨，怎能见彩虹。”的确如歌中所唱，我们要想取得理想的成就，就要经得起风吹浪打。所以，我们要学会忍受、习惯，并从中奋斗和发展进步。我们一旦抱着做“蘑菇”的心态，那么即使在阴暗的环境中，也会快乐地寻找阳光和水分。

美国心理卫生专家指出：“有十分幸福童年的人常有不幸的成年。”中国有一句谚语：“穷人的孩子早当家。”两句话其实有异曲同工之妙，都透露出这样一个道理：经历过煎熬才能有所建树，吃不了苦，只能被优胜劣汰的生活打败。

想要更深刻地明白痛苦对于生命的意义，可以去了解一下化茧成蝶的过程。

曾经有个人在无意中遇到了一只将要破茧而出的蛾。

那个人饶有兴趣地盯着树上正要开始活动的茧，期待捕捉到化茧成蝶的瞬间。可是时间一点点过去，茧中的蛾始终没有挣破茧的束缚，它痛苦地挣扎着，将茧扭来扭去，却仍然被困在里面。

最后，那个观看的人沉不住气了，便用一把小剪刀轻轻地将茧上的丝剪出一个小洞，他想让蛾轻松地出来。果不其然，没一会儿，蛾就从茧里面爬了出来，但是它的身体看起来非常臃肿，翅膀也萎缩得异常严重，蔫蔫地耷拉在两边，根本伸展不起来。蛾尝试扑扇翅膀，但怎么也飞不起来，它只能跌跌撞撞地爬着，可是，爬了没一会儿，它就死去了。

蛾为什么会死？因为它错过了成长必须经历的过程。蝴蝶的成长必须在蛹中经过痛苦地挣扎，直到将翅膀磨炼得强壮了，才能够破茧而出，那些不经过痛苦挣扎而生的飞蛾最终只会以夭折而告终。

人的成长同样如此，没有经过磨难和痛苦的人往往没有能力与汹涌而来的苦难抗衡，也比不过那些从小从苦日子里熬过来的同龄人。就如哲人所说：“老年遭受艰难与痛苦是不幸的，而少年未经艰难痛苦更是不幸的。”

知名的IT公司惠普的前首席执行官卡莉·费奥瑞娜毕业于斯坦福大学法学院，她的第一份工作是在一家地产公司做电话接线员，每天的工作就是做打字、复印、收发文件、整理文件等杂活。

卡莉·费奥瑞娜的父母和亲友知道这种状况后，对她的工作表示了强烈的不满，他们认为一个斯坦福大学的毕业生不应该做这些，但是，卡莉·费奥瑞娜没有任何怨言，她依然努力地做着自己的工作，并把每一个细节都力求做到最完美。

有一天，公司的经纪人问卡莉·费奥瑞娜能否帮忙写点儿文稿，她点了点头。凭借自己的聪明才智和工作的热情细心，她完成的工作令领导非常满意。也正是这次撰写文稿的机会改变了卡莉·费奥瑞娜的一生，以至于她后来发展成为惠普公司的首席执行官。

不可否认，我们每个人都希望生活如沐春风、如鱼得水；我们都希望自己能得到老板和上司的赏识和重用；我们也都向往着事业高升、飞黄腾达。但是，没有谁会白白将这一切送到我们手里，我们想要获得，只能用自己的忍辱负重和坚韧不屈去争取。

而这段忍辱负重和坚韧不屈的经历就好比蚕茧，它是羽化前必须经历的一步，也只有那些能够忍受这一切的人才能得到阳光普照的机会。就拿魔术师这个职业而言，当他们在台上的精彩表演获得人们惊奇的目光和赞叹的话语时，他们背后所付出的艰辛，恐怕只有他们自己才知道。

在一本佛家的书摘中，有这样一个例子。

一个直到40岁才出家的和尚由于小时候没读过书，做了和尚后根本听不懂经文，更不用说诵经了。但是，这个和尚不屈不挠，终日勤勤恳恳、忍辱负重，每当遇到别人不愿意去做的事情，他都会毫不犹豫地去做；对于别人嫌弃的东西，他也会毫无怨言地去承受。

几年过后，和尚慢慢地能够听懂别人讲经了，再后来，他自己也能诵读经文了。不过，由于他不认识字，所以还是不会写经。

又是几年的时间过去了，和尚常年累月忍辱负重，居然慢慢地开始学会写经了，起初是一句、两句，随后是写下了整篇经文。一位法师知道他的经历后说，如果他不是这样出家修行，一辈子就会是个文盲，就因为他忍辱负重听经听佛，他的开智开悟才是水到渠成之事。因此，“忍辱负重”听起来似乎残酷，但它不仅亏待不了一个人，而且还会使其受益良多。

现实生活中，相信很多人都会有这样一段做“蛰伏”的经历，但实际上，这不一定是什么坏事，这样的经历能够消除我们很多不切实际的幻想，让我们更加接近现实，看问题也更加实际。

要知道，青松受尽风吹雨打，最后茁壮生长于苍山之上；温室里的花朵灼灼其华，却因为被保护得太好而异常娇嫩柔弱，它们一旦失去良好的生存环境，就会迅速枯萎、凋零。所以，我们要主动去经历煎熬，让痛苦和委屈帮助自己蜕变。

我们需要告诉自己：无论自己多优秀，在刚开始的时候千万不要怕做最简单的事情，因为促使人最终做成大事的往往就是这些小事情。尤其对于成长中的年轻人来说，是在破茧成蝶前必须经历的一步。因此，如何让自己能够高效率地走过生命中的这一段，从中尽可能地汲取经验、逐渐成熟起来并树立良好的值得信赖的个人形象，是身为年轻人的我们必须面对的课题。

适度的精神紧张和压力并不是坏事

要想让事情向自己希望的方向前进，压力太大不行，一点儿压力没有同样不行，因为前者会使人心理负担过重，而后者做事的效率则会大大降低。最好的状态就是保持适度紧张，张弛有度。

很多时候，我们都期待着能够过轻松无忧的生活，对于为了生活而辛苦奔波的状态感到疲倦，对于日益激烈的竞争感到压力巨大。

而实际上，一个人如果精神上总是处于放松状态，丝毫感受不到压力，并非好事。相反，适度的精神紧张和压力能激发人内在的潜能，迸发出超常的能量。

这一论据不仅适用于人，对于动物也同样如此。举个例子来说，澳大利亚某牧场上经常有狼群出没，去袭击牧民的羊。后为，牧民去求助政府和军队将狼群赶尽杀绝。狼没有了，羊的数量大增，牧民们非常高兴，认为预期的设想实现了。可是，若干年以后，他们却发现羊的繁殖能力大大下降，羊的数量锐减且体弱多病，羊毛的质量也大不如从前，牧民这才明白，失去了天敌，羊的生存和繁殖基因也退化了。于是，牧民又请求政府再引进野狼。

这一案例让我们知道，虽然我们一直提倡在重大的事情面前应该把自己的心理调整到放松的状态，但是放松并不等于无动于衷，一旦放松过头，就会产生负面影响。换句话说，人们在重大事情前需要适度的紧张，这样大脑能够在紧张的情绪中保持机体的生机与活力，才能够更好地去做该事情。

起初，郭子恺只是一名普通的医疗器械推销员，他在几年前刚入行时并没有取得出色的成绩，每个月的生活费也只是将就维持生计。

但是，他非常勤奋好学，每天都虚心向那些出色的同事取经，还会抽时间读一些相关的书籍。功夫不负有心人，后来郭子恺连续三年拿到了全公司推销业绩第一名的好成绩。在一次业务总结会上，郭子恺透露了自己的推销秘籍：不管面对的是什么样的客户，在推销前，他都会准备好推销时可能用到的一切用具并提前预测客户可能提出的问题，然后将这些问题的答案一一列出，防患于未然。

当和客户见面之后，他一边认真介绍自己的产品，一边仔细地倾听客户的意见、问题等，并对客户言谈举止中表现出的每个细节时刻注意。

推销结束后，不管是推销成功了还是失败了，他都会总结推销过程中的经验和心得，然后将推销过程所遇到的问题以及客户拒绝的原因一一列出来，记录到本子上，然后逐一进行分析，并最终找到最佳答案。如此一来，在下次推销的时候就会避免同样的情况发生。而郭子恺在销售领域的成功正是源于这种时刻让自己处在紧张中的努力。

中国有句古训，叫做“生于忧患，死于安乐”。事实上，在现实生活中，每个人获得成功与辉煌的比例都是相等的，而绝大部分人之所以平庸，最主要的原因是周围的环境给他们带去了太多的安逸感觉，使其放松自己、满足现状、固守平庸；相反，那些有着杰出贡献的人，他们每天、每时、每刻都会使自己处在一个适度的忙碌状态中，忙碌中带着固有的紧迫感、危机感，而正是这些特有的紧张与压力激发出他们内在的无限能量，助其获得成功。

关于这一定律，有一个很有名的说法，即“鲶鱼效应”。

据说，挪威人很喜欢吃沙丁鱼，而且喜欢吃活的沙丁鱼。市场上出售的活沙丁鱼往往比死的贵好多倍。因此，为了多赚取利润，渔民们总是想方设法让沙丁鱼活着回到渔港。

可是，尽管做了许多努力，但沙丁鱼还是在中途窒息而亡了很大一部分。然而，有一条渔船却总能让大部分沙丁鱼活下来，但船长始终保守着秘密。直到他去世，谜底才被揭开，原来是船长在装满沙丁鱼的鱼槽里放进了一条鲶鱼。

其中的原理是，当鲶鱼进入鱼槽，由于面对陌生的环境，便会四处游动，沙丁鱼见后会非常紧张，害怕自己遭遇危险，于是左冲右突、四处躲避，这样，沙丁鱼缺氧的问题就迎刃而解了，沙丁鱼也就不会死了。这样一来，一条条沙丁鱼便欢蹦乱跳地回到了渔港。

其实，对于任何一个人而言，我们的领导、我们的同事都有可能是我们身边的“鲶鱼”，那么我们要想取得理想的成绩，就只能努力和他们保持相同方向，不要走得太快，更不要往后退，否则就有被“吃掉”的危险。所以，我们有必要保持一种适度紧张和压力的心理状态，不断地向他人学习，实现自己的生活目标和职业理想。

贫困的折磨会成为你人生的机遇

几乎所有白手起家的成功者都善于用乐观的心态去支配自己的人生，用顽强和努力去跨越一切可能出现的或已经出现的困难和险阻。在此“双重保险”的作用下，他们才一步步迈过贫困的门槛，进入成功的大门。

追求财富是我们大多数人的梦想，为了这个梦想，我们不懈地努力，努力学习、努力工作、努力寻找机会……只是遗憾的是，到头来，真正能实现富翁梦的人却是寥寥无几。

心理专家经过调查研究发现，那些被列入“富人”阶层的人，有相当一部分在其年少时代遭遇过贫困的折磨。而在民间也流传着“穷人的孩子早当家”的俗谚，为此，“贫困的折磨是你人生的机遇”一说得到大多数人的认同。

我们来看一个相关的案例。

有着纽约零售业大王之称的伍尔沃夫曾经度过了一段非常贫穷的青年时光。那时候，伍尔沃夫在农村工作，收入微薄，一年中几乎有半年的时间是穿不起鞋子的。后来，成功之后的他常常说这样一句话：“我成功的秘诀就是将自己的心灵充满积极的思想，仅此而已。”

当时，贫困的伍尔沃夫试图摆脱这种困境，于是多方面寻找挣钱的机会。不久，伍尔沃夫从朋友那里借了300美元，在纽约开了一家所有商品都卖五美分的店。可是，由于经营不善，不久后就宣告失败了。

此后，伍尔沃夫又开了四个店铺，其中三个店铺也以完全失败而告终。

当时，伍尔沃夫颓丧极了，他开始觉得自己似乎不是做生意的料，更不是挣大钱的料。然而，就在他几乎丧失信心的时候，他的母亲来看望他，得知儿子的境况后，母亲语重心长地说：“不要绝望，总有一天你会成为富翁的。”

母亲的这句话又重新燃起了伍尔沃夫告别贫穷、努力挣钱的富翁梦，也正是在母亲的鼓励下，伍尔沃夫不再惧怕挫折，而是更加充满自信地开拓经营，最终一跃成为全美一流的零售商。

伍尔沃夫由一个穷小子成为富翁的故事听起来有些传奇色彩，而这传奇的背后，其实正是他那个告别贫困、发财致富的梦想在起主导作用。

与伍尔沃夫类似，在现实生活当中，几乎所有白手起家的成功者大都有这样一个共同点，那就是不惧磨难、一往无前。他们善于用乐观的心态去支配自己的人生，用顽强和努力去跨越一切可能出现的或已经出现的困难和险阻。在此“双重保险”的作用下，他们才一步步迈过贫困的门槛，进入成功的大门。

相反，很多一生都穷困潦倒的人，其精神世界往往非常空虚，常以失落的灵魂、失望及悲观的心态和消极颓废的人生目的做前导，最终的结果也就必然会从一个失败走向另一个失败，直到最后败得体无完肤，便不再奋发图强，而是破罐子破摔。

乔治朗是美国某保险公司的一名保险销售员，一直以来，他都希望自己能当上公司的明星销售员。

为了实现这个目标，乔治朗不断地从励志书籍和杂志中培养积极坚定的心态。例如有一回，乔治朗陷入了困境之中，那是一个北风呼啸的寒冷的冬天，乔治朗正在某个街区推销保险单，但一笔成交量都没有。

对于这样的结果，乔治朗感到很不满意，但他当时的这种不满是积极心态下的不满。乔治朗想起以前读过的一些保持积极心境的法则，于是，在第二天，他出发前对同事们诉说了自己昨天的失败，并且告诉他们："你们等着瞧吧，今天我会再次拜访那些顾客，我售出的保险单会比你们售出的总和还多!"

乔治朗决不是吹牛。基于这个信念，他又回到昨天去过的那个街区，又访问了前一天同他谈过话的每位客人，出乎意料的是，结果他卖出了66份新的保险，不能不说这是非常了不起的成绩，而这个成绩是他当时所处的困境带来的。因为此前，他曾在数九寒天里挨家挨户走了近80个小时而一无所获。

可以说，乔治朗正是将这种能够对大多数人来说都会感到的沮丧化作第二天自己的动力，结果得偿所愿。

看得出，乔治朗用自己的乐观和坚持告别了穷困，赢得了财富。和乔治朗一样，所有取得成功的人们都是相信勤奋和坚持是自己实现成功的一部分，换言之，是正面与积极的心态帮他们取得了成功。

因此可以说，苦难的折磨并非如我们所想，这种折磨或许能给我们带来源源不绝的动力。正如爱默生说过的："我们的力量来自我们的软弱，直到我们被戳、被刺，甚至被伤害到疼痛的程度时才会唤醒包藏着神秘力量的愤怒。"

让自己成为从不幸中走出来的英雄

蚌虽然饱受与沙砾摩擦的痛楚，但它收获了晶莹的珍珠；玉石虽然饱受利器雕琢的痛苦，但它成就了旷古绝伦的艺术。不幸是苦涩的，但经历过苦涩才能成为真正的英雄。就算做不了英雄，我们也不做没有勇气的弱者。

在世人的意识里，似乎“幸运”是个特别美好的字眼，而与之相反的“不幸”二字，则无端地会让人产生一种恐惧感。

通常看来，几乎没有人希望和“不幸”沾上边，因为它给人的感觉是沉重且晦暗的。因此，当人们陷入不幸状态的时候，往往会为自己的命运感到委屈。如果有谁陷入到不幸中，这个人多半会为自己的命运感到委屈。

诚然，不幸的人生是值得同情的，但不幸对我们每个人而言，其实远没有想象的那么毫无意义可言，因为很多历经不幸的人经过自己的奋发图强，最终走了出来，并成了某个时代的英雄或佼佼者。或许正印证了美国作家斯蒂芬斯说的那句话：“每场悲剧都会在平凡的人中造就出英雄来。”

综观古今中外，确实有许多英雄人物都经历过不幸，例如《史记》的作者司马迁曾经被处以腐刑；《红楼梦》的作者曹雪芹家道中落，曾饱尝数十年食不果腹的贫寒日子；《命运交响曲》的作曲家贝多芬正值大好年华时竟两耳失聪；美国最杰出的总统之一林肯在幼年丧母、中年丧子、初恋情人早逝、结发妻子曾患上精神病……

上面列举的这些闻名于世的伟人们曾经也是如我们一样的平凡人士，但是不幸成就了他们，使他们在千百年后仍然被人们铭记于心，令他们夺目的光辉照耀着世世代代。

我们来看一个从不幸中走出来的英雄的故事吧。

弗朗哥原本是个年轻帅气、身体健壮的小伙，但是很不幸，在他骑着摩托车飞驰在公路上时，不幸遭遇车祸，导致他全身70%的面积被烧伤。

当弗朗哥恢复意识时，他已经在医院的病床上躺了好几天。苏醒后，他才意识到自己伤得有多么严重，当时他一点儿都不能动弹，稍微一动就钻心的疼，甚至连呼吸都极为困难。但是，在强烈的求生意志的驱使下，弗朗哥不断地告诉自己："无论如何，我一定要活下去。"

之后很长一段时间里，弗朗哥都生活在剧烈的疼痛中。可喜的是，终于有一天，他凭借自己的坚强意志力，重新站立了起来。

然而，就在佛朗哥处于喜悦之中并准备重新开创自己的人生和事业时，不幸又降临了，因为一次飞机失事，佛朗哥的下半身从此瘫痪了。

面对新的更为严重的打击，弗朗哥委屈得想要大哭，但是很快他又冷静了下来，因为他那强烈的求生意志不允许他屈服。就是在激昂的斗志下，身有残疾的弗朗哥在当时成了美国最活跃的成功人士之一。

弗朗哥不仅取得了事业的成功，还进入了国会，并且在1986年当上了科罗拉多州的副州长。在一次演讲中，佛朗哥对台下的观众们这样说道："因为这些不幸的经历，让我真正地体验到生命的成功与喜悦。"

敬佩之余，我们更多的还是应该为弗朗哥感到庆幸，因为在巨大的不幸面前，他始终怀着一颗乐观积极、顽强不屈的心，而这颗"心"，正是促使他走出不幸、获得成功的"法宝"。

假如将人生的不幸比喻成一所严苛的大学，那么弗朗哥无疑就是一名优秀的毕业生。像弗朗哥这样的人，完全值得我们称之为英雄，他用真实的事例告诉我们，就算再委屈，也要始终和不幸作斗争，要用积极、乐观的心态度过每一天。

奥地利著名作家茨威格说："命运总是喜欢让伟人的生活披上悲剧的外衣，并且在他们前进的道路上设置重重障碍，以便让他们在追求真理的征途中锻炼得更加坚强。命运戏弄着这些伟大的人物，但这是大有补偿的戏弄，因为艰苦的考验总会带来好处。"弗朗哥就是被命运披上悲剧外衣的人。

看完弗朗哥的故事，让我们再来看看当代伟大的科学家史蒂芬·霍金的故事。

上大学的时候，原本健康无恙的霍金忽然发现自己身上出现了一种奇怪的症状，他的手脚一日不如一日灵活，走路时还会无缘无故地跌倒。

霍金赶紧找到了医疗专家为自己诊治，结论是患上了运动神经病，这种病会让他的肌肉慢慢持续不断地萎缩、硬化，并且无药可医，这就意味着一向健硕的霍金要拖着自己虚弱无力的身体在轮椅上度过下半辈子。

然而，不幸的事至此远没有结束，在全身瘫痪数十年后，身体虚弱不堪的霍金意外感染了肺炎，为了他的安全着想，医生不得不为他进行气管切开手术。手术很可怕，要在他脖子及气管上切一个口子形成通气孔，这样一来，霍金就再也不能说话了。

没有了灵活的双腿，没有了健康的体魄，没有了说话能力，霍金饱尝了生命中的各种不幸，但是坚强的他并没有因此放弃生命，也没有因为委屈而整日抱怨，他说："生活是不公平的，不管你处境如何，都只能全力以赴。"

在轮椅上生活了几十年的霍金曾经写下过这样一段文字："我的手指还能动，我的大脑还能思考，我有终生追求的理想，我有爱我和我爱着的亲人、朋友，我还有一颗感恩的心。"

就是因为这份积极乐观的心态，帮助霍金不断开发自己的潜力。现在，他已经跻身于世界上最著名的物理学家之列，并且拥有12个荣誉学位、三个子女、一个孙子，是英国皇家协会的特别会员。

作为一个正常的健康人，看了霍金的故事会作何感想？无疑，我们会被这种不幸深深震撼，同时更会被霍金的精神与气质深深折服。尽管上天将太多不幸降临在霍金身上，让他腿不能站、身不能动、口也不能说，但他没有向命运举白旗，而是积极地和命运抗争，最终让不幸成就了自己。这样的人不正是现代社会的大英雄吗？

或许我们不会像弗朗哥和霍金那样遭遇如此大的不幸，但在漫长的一生中，终究也会经历些许不幸。当面对这些不幸的时候，就算我们不因委屈而难过，也不要因委屈而放弃自我，而要和不幸争斗一番。只有这样，我们才能开创出一个崭新的人生，才能让自己尽可能地远离伤害。

遭到攻击时，不妨释怀心里的“风暴”

在面对别人打击的时候，我们不如将心放宽一点儿，包容一点儿。当我们心怀“有话要好好说，万事好商量”的心态，就能以微笑来“迎战”对方强硬的态度。而这时你会发现，他人强硬的态度在你温和的态度之下毫无用武之地。

现今社会是一个浮躁的社会，并由此诞生了一部分浮躁的人。很多人在遭到别人指责之后选择更有力的回击，这样的做法是极其不明智的。当别人对你怒目相向、准备大吵一番的时候，如果你也不能压制住怒火，两个人之间的矛盾就会越发激化，这样，问题就得不到有效解决了。

宁莉刚进一家公司，就和两个同事结下了梁子。在她眼里，处长的小姨子仗势欺人、出纳小赵尖酸刻薄等，她总觉得这两个人总是找自己的毛病，于是决定给她们点儿厉害瞧瞧，让她们知道自己不是懦弱好欺负的。

男朋友见宁莉这样，就劝解她说："算了吧，你应当把心放宽一点儿，何必把事情弄大、把人际关系搞僵呢？"本来男朋友是好意，结果反而被宁莉给骂了一顿。自此，只要一见到那两个女人，宁莉就有一种灭之而后快的冲动，保持着一种仇视的态度，说一些让对方不舒服的话，甚至背地里暗暗要一些破坏性的小手段。

一段时间过后，宁莉虽然把那两个女人的嚣张气焰给打压下去了，但是同事们却对宁莉的行径很不满，居然联合起来请求领导给宁莉换离岗位。尽管领导很认可宁莉平时的工作，但考虑到团队的和谐，不得不"忍痛割爱"，将她"下放"到了基层。

生活中，很多人也像宁莉这样，对别人种种的攻击行为斤斤计较，甚至还会以暴制暴。如果你也有像宁莉这样的行为，那么你应该看看是不是没人愿意亲近你？是不是你没有多少朋友？

我们常说："宰相肚里能撑船。"如果一个人没有气度与胸襟的话，他是不可能拥有良好的人际关系的，更谈不上有一番大的作为。真正的聪明之人，当别人对他们颐指气使的时候，会选择用微笑来释怀心中的"风暴"，这样，对方就算有再大的怒气，也会因为他们的微笑而消失于无形。

因此，你要懂得化干戈为玉帛，当别人对你横眉冷对的时候，你要选择宽容，选择放下仇恨。人与人之间没有化解不了的矛盾，只有不愿去化解矛盾的人。宽容一些，让一切不美好都随风散去，让一切美好都存在心底，只有这样，你才能让人生呈现出绚烂的色彩。

《红楼梦》是四大名著之一，而作者在书中就为我们讲述了这样一个化敌为友的故事。

一次，贾母等人猜拳行令、随意玩乐，黛玉无意中说出了几句《西厢记》和

《牡丹亭》中的艳词，这类剧本在当时是禁书，而从黛玉这样的大家闺秀口中说出，更是会被人指责为大逆不道、有伤风化。

好在，许多读书不多的人没有听出来。但此事瞒得过别人，怎能瞒过宝钗？然而宝钗却没有感情用事，图一时之快，借此机会让黛玉难堪。她没有宣之于众，给黛玉留了余地，也给自己和黛玉化干戈为玉帛提供了契机。

事后，在没人处，宝钗私下叫住黛玉，冷笑道："好个千金小姐，好个尚未出阁的女孩儿！满嘴说的是什么？"一副严厉的下马威，让对方感到问题的严重。

黛玉只好求饶说："好姐姐，你别说与别人，我以后再也不说了。"

宝钗见她满脸羞红，至此便适可而止，没再往下追问，这已让黛玉感激不已了。而宝钗更加精明之处在于，她还设身处地、循循善诱地开导黛玉："在这些地方要谨慎一些才好，以免授人以柄。"

此番真心实意的关心，结果"一席话说得黛玉垂下头来吃茶，心中暗服，只有答应一个'是'了"。

此事之后，宝钗果然守口如瓶，没有向任何人透露半点儿黛玉失言之事。

这使黛玉改变了对宝钗一贯的成见，诚恳地对她说："你素日待人固然是极好的，然而我又是个多心的人，竟没有一个人像你前日的话那样教导我……比如你说了那个，我断不会放过的，你竟毫不介意，反劝我那些话。若不是前日看出来，今日这些话，我是再不对你说的。"

至此，宝钗和黛玉已达成和解。

抛出话音轻点一下，聪明之人便可领会。宝钗懂得在最恰切的时候点到为止，给黛玉留了七分颜面，给自己腾出了三分空间。只有这样的"空间"多了，在深宅府第中才能容得进更多的朋友。

不管发生什么情况，我们最应该做的就是冷静，不要让两个人之间的矛盾加深、越加深，我们就越难以解决。世事无常，多一些宽容与谅解，我们才能看到黑暗背后的光明，才能让一切问题消散于无形。

做人一定要有胸怀，要有容人之量，这才是厚道的最根本体现，大事化小，小事化了。遇到问题，不要一味地指责别人，这样只会让矛盾扩大化，使问题得不到解决。为人处世时，我们应该把目光放长远一点儿，常怀一颗包容宽恕之心，多看到别人的优点，多发现自己的缺点，这样才能让问题解决得更圆满，使自己的交际圈子越来越宽广。

第3章 如果不是转念改变，人生不会豁然开朗

并非所有的愿望都能实现，也不是所有的目的地都能到达。很多时候，我们难免会步入无路可走的困境。这时候，如果还坚持往前走，就势必会撞南墙。既然改变周围的环境很难，我们不如学着改变自己。当我们改变了自己，我们周围的环境也就跟着改变了。只有这样，才更容易克服困难、战胜挫折，摘取幸福和快乐的果实。

和情绪和解，不要被自己绊住

跟自己过不去是一种狭隘的思维，要想让自己活得快乐、取得成功，就要努力避开、跨过并突破自身的心理障碍。虽然这种心理障碍也许是在无意识状态下产生的，但这种状态势必会影响我们获得快乐和成功。

现在，随着人们知识水平的提升和对自我认知的关注，已有越来越多的人开始将目光投入到情绪这个看不到、摸不着，但影响却不小的东西上来。我们知道，人是有感情的动物，这也就决定了人有好的情绪和坏的情绪。

不难发现，很多人经常被淹没在不快乐的泥淖里，总感觉身心疲惫、人生暗淡；而有一部分人则能更多地感受到生命的阳光、人生的美好。两者有如此大的差异，难道是后者比前者拥有更多的金钱、更好的名誉和更高的地位吗？

其实不然。稍微留意一下，我们便会注意到，那些时常有着快乐情绪的人，往往能够在日常的琐碎与遭遇中保持一种健康积极的心态，他们总会用积极的心态来看待周围的事情，随之而来的便是快乐的感觉。

一位哲人这样说过：“一个人的心态就是他真正的主人，要么让自己去驾驭生命，要么让生命驾驭自己，而自己的心态将决定谁是坐骑，谁是骑师。”

人生苦短，苦是一种生活方式，乐也是一种生活方式，既然如此，何不活得快乐一些呢？当今社会上流传着这样一句话：“有权不如有钱，有钱不如有个好身体，有个好身体还要有个好心情。”什么是好心情？好心情就是笑口常开、天天快乐，因为快乐是无价的，是金钱买不到的。因此，快乐才是人生最重要的。当你能够驾驭自己的情绪，让自己的心情始终保持在快乐的“高位”时，你在面对一些事情的时候就会保持积极乐观的想法，而在其作用之下，一些本以为难以做到的事情也很可能变得容易了。

一对夫妻在做年度的身体健康检查时，太太被告知得了乳腺癌，先生得了淋巴腺癌，并且有严重的心脏病，主动脉血管有1/3被阻塞，估计两人的寿命只剩下半年的时间了。

这对夫妻经过讨论后，决定好好度过这剩余的岁月，于是他们在白纸上写下最后想完成的50件事，然后他们卖掉了伦敦的房子，将这笔钱用在环球旅行上。

半年后，他们回到了伦敦，在这半年的旅行中，他们格外珍惜生活中的每一天，他们每天都会开心地享受两人独处的快乐，就好像回到初恋时的热情一样，这时的他们好像已经忘记了自己是一个病人。

当他们再到同一家医院做进一步检查时，奇迹发生了，医生惊讶地发现两人的癌细胞已经消失，连丈夫的动脉血管阻塞也好了许多，这个结果让医生都觉得匪夷所思。

后来，医生通过了解才知道，这正是“正面情绪”的结果，因为当人快乐时，脑内会分泌一种“安多芬”，它能增加体内的淋巴球，进而增强对抗癌细胞的能力，让人重获新生、重获健康。

其实，为我们创造快乐的并不是外界事物的变化，而更多的还是取决于我们自身的情绪。如果你以积极的心态去看待一切事情，你就是快乐的；如果以消极的态度去看待身边的事情，你就是悲伤的。

不可否认，每个人都会有这样或那样的苦恼，有些时候，人生的苦恼并不在于自己获得多少、拥有多少，而是以为自己能得到更多。

古语说得好：“春有百花秋有月，夏有凉风冬有雪。”大自然本身有其不可撼动的规律，我们的人生也有人生的道理。不管是生活还是工作中，我们大可不必为人生途中的磕磕绊绊而耿耿于怀，放下过重的包袱，本着“谋事在人，成事在天”的想法去从容应对、顺其自然地享受征途中的一切，便能“不以物喜，不以己悲”，从容、淡然地面对生活与工作了。

因此，我们有必要每天都提醒一下自己：别跟这个世界较劲儿，更别跟自己较劲儿。只要让自己放平心态，抱持顺其自然的态度，随遇而安，在任何一个人生的节点、在任何一个位置，都可以轻松迈步。还有什么比荡开生命的秋千、愉快洒脱地生活更重要的吗？

这种洒脱的劲头不是玩世不恭，更不是自暴自弃，而是一种思想上的轻松。洒脱的人不会终日郁郁寡欢，也就不会活得太累。懂得了这一点，你才不致对生活求全责备，不会在受挫之后彷徨失意。

要知道，在这个世界上，有许多事情是我们所难以预料的。我们不能控制际遇，却可以掌握自己；我们无法预知未来，却可以把握现在；我们不知道自己的生命有多长，但我们可以安排当下的生活。只要把握自己的情绪，不跟自己过不去，那么我们就可以提高生命的质量，为自己创造更多更美好的时光。

只要你想快乐，就可以做到

如果有一袋烂苹果，就做一些苹果馅儿饼；如果有一颗柠檬，就做一杯柠檬汁。世界上没有不快乐的生活，只有不肯快乐的心。

罗曼·罗兰说："人生所有的欢乐是创造欢乐：爱情、天才、行动，全靠创造这一团烈火迸射出来。"

人生在世，每个人都有自己的生存状态，每个人都有自己的心路历程，也各有各的价值观念，这些都是不能强求的。在物欲横行的今天，如果一个人能注意调适自我，对物欲的追求少一点儿，对精神的追求多一点儿，多一份闲云野鹤的生活，少一点儿尘世的负累，把人生当做一场旅行，那么他就可以从容地欣赏到沿途的美景了。

然而，我们却总是踩着不断追求的脚步，马不停蹄地奔向一个又一个目标，却忘记了回一回头，或者把脚步放慢一些，看看被我们忽略的一道道风景。

曾经有位女性因为自己的鼻子有些缺陷，一直都很自卑，对于她喜欢的异性，一直都不敢表达真情。

有一天，她决定去做整容手术。手术很成功，她一扫过去灰暗的形象，变得开朗了许多，每天都把自己打扮得漂漂亮亮，还经常受到男士们的邀约。

终于有一天，她遇到了自己理想的对象，并与之结了婚。婚后，她告诉先生自己曾经做过整容手术，可她没想到，自己的丈夫根本就没有把她的鼻子当过一回事。

于是，她追问丈夫："以前我们也认识，但你对我不理不睬的，为什么在我动过手术之后，你又决定和我交往呢？"丈夫告诉她："以前你总是眉头紧锁，谁敢和你接触呀？后来你突然变得开朗了，也让人感到容易亲近了，所以我才有机会和你深交啊！"

故事中的女孩一直以为自己没有找到男朋友是因为鼻子上的缺陷，可事实告诉她，别人根本就没有注意到她鼻子的缺陷。是的，世界上没有一个人像自己那样如此在意自己的缺陷。她的不快乐与不幸福，并不是鼻子的不漂亮带来的，而是她的心不快乐。

现实生活中，类似这位女孩的人并不鲜见，他们即便拥有了事业、地位、亲情、爱情、美丽，还是觉得不快乐，这是因为他们心中装了太多的东西，而又不愿舍弃，因此让快乐的领域被太多无谓的事物占据。如此看来，很多时候跟我们过不去的不是别人，正是自己。

魏嘉岩漂亮又好学，大专毕业后进入一家知名房地产公司做售楼员。当时，人们买房的热情高涨，不到半年时间，魏嘉岩就成了有房一族，而这时候与她一起毕业的同学们仍然在职场上摸爬滚打。在别人眼中，魏嘉岩是幸运的，抓住了好的机会，能力也不错，她理应过得非常快乐，可事实并非如此。

她所在的公司，新楼盘马上就要卖完，而且目前没有再建的打算，魏嘉岩不知道自己该何去何从；房子有了，不能没有车；户头上有 100 万元，但距离 1000 万元又是那么遥远。她经常在朋友面前唠叨："我的压力好大，我该怎么办呀？"朋友的生活远不如她，所以在朋友眼里，魏嘉岩就是在无病呻吟。

令魏嘉岩每天烦恼的事情太多了，不是股票跌了，就是贷款利息上调了，要么就是家里人催促她结婚……她好像真的有那么多烦心事一样，可事实上呢？除了快乐，她什么也不缺。

我们无法用过多的语言评述魏嘉岩这样的人，毕竟在生活中，不少人的生活境遇并不如她，甚至和她有着天壤之别。很多人虽然每天辛勤地工作，但还是租房一族，也没有那么多的存款，但他们并没有魏嘉岩那么多的欲望，而是懂得知足，懂得放下无谓的追求。

或许，他们不富有，但他们活得快乐、活得精彩，这种财富不是外在的，而是心灵作用的结果。

其实，只有怀有乐观的心态，才能在任何情况下做出迅速的反应，找出解决的办法、确定新的生活方案。乐观的人不会对事业表现出失望、绝望，正如一本书中所说：悲观的心态会泯灭希望，乐观者则能激发希望。

说到底，对我们每个人而言，没有不快乐的生活，只有不肯快乐的心。活在这个充满变数的世界里，我们要学会用阳光般的心态面对生活，遇到困难的时候，相信“方法总比困难多”；面对不顺的事情，多反思自己的做事方法和做人的原则，少一些悲观和绝望；遇到变故的时候，化悲痛为力量，感受自然规律不可为，顺其自然则是幸福的真谛；失去某样东西的时候，坦然地接受，珍惜手里还拥有的；努力追求而又得不到的时候，减少一点儿内心的欲望，如此，你会发现生活其实已经赋予了你太多。

聪明人不钻牛角尖

在平日的生活和工作中，我们要懂得适时地变通，学会在山穷水尽的时候转换一下心情，说不定会“柳暗花明又一村”。

俗话说得好：“日出东海落西山，愁也一天，喜也一天；遇事不钻牛角尖，人也舒坦，心也舒坦。”这句话旨在告诫人们，不要认死理、一条道跑到黑，试着换一个角度看问题，或许就能发现不一样的出路。

所以说，要想让自己拥有一个好心情，就必须打破自己的思维定势，让自己僵化的脑筋多转几个弯，不要局限在固定模式中走不出来。某研究中心一位专家指出，有十种常见的牛角尖“地雷”，分别如下：

1.灰色眼镜

这类人总是放大和加深事件的严重性，看问题只集中在坏的方面，而往往忽略美好一面，以致容易感到情绪低落、神情沮丧。

2.非黑即白

任何事情在这一类人的眼里只有两种情况：对或错、好或坏，没有灰色地带。在这种思想的支配下，人对于事情的理解就会过分简化，同时还会影响当事人对自己及对别人的评价，使当事人不断怪责自己或别人。

3.以偏盖全

这种思想的特质就是以单一事件或数件同类事件做基准，为其他情况下相同结论。

4.小题大做

哪怕一件极小的事，在一些人眼里也会将后果想象得“无比严重”，从而为自己带来不必要的压力。

5.一力承担

将所有问题都扯到自己身上，认为都是“我的错”。这种既过度敏感又过度自责的态度容易使自己和他人计较，最终反而觉得自己“罪不可赦”，以致产生不必要的痛苦。

6.感情用事

这类人往往把自己的感觉所引申出来的结论都认为是正确的，例如感到“内疚”就一定是自己做错了事。可是他们不知道，感觉不一定正确。

7.阅读他人

在事情还没有搞清楚时，就以为能完全掌握别人的想法，仅凭自己的直觉妄下结论，结果往往使当事人不再用心聆听别人，造成人际关系疏离，增加情绪困扰。

8.墨守成规

这类人在心里存在太多“应该怎样”或“不应该怎样”的思想，认为任何与这些思想不同的都是“错”的，于是在处理一些事情的时候显得缺乏弹性，令旁人难以忍受。如此固执的思想，也会使当事人责备自己，使他们痛苦不堪。

9.执着于控制

执着于控制的人，总觉得一切要完全在控制之内才安心。但这却使其感到身心疲累、神经紧张，容易产生人际冲突。

10.执着于公平

一些人总觉得自己处于不公平的情况，从而给自己增加不满和愤恨。

对于上述十点钻牛角尖的特征表述，专家表示，每个人或多或少有 1~2 项以上的“牛角尖”思想，这并不足怪，但“牛角尖”思想如果过多的话，就会令自己很不快乐，感到痛苦和困扰，以致患抑郁症、焦虑症及性格障碍的机会都跟着增大。

根据上面的表述，我们不妨检视自己有没有这些“牛角尖”思想，如果有，那么就应该尝试改变，例如不要事事想得“无比严重”，多思考事情的其他角度；抛开“应该怎样”或“不应该怎样”的思想，为自己做人处世留有适当的弹性。

具体来讲，我们可以通过以下几种方法让自己从“牛角尖”中解脱出来：

首先，我们要学会从多个角度考虑问题。其实，钻牛角尖就是遇到事情首先受到思维定势的影响，会单纯地从自己的经验或者目前的想法出发，考虑事物往往不够周全，认定了目前的想法就具有相对的稳定性和不容改变性。

例如：一个人其看见一个熟人从远处走来，就马上挥手，可是对方却没有回应，毫无反应地走了，这时候，该人心里就会觉得对方看不起自己，或者这个人没有礼貌，等等。然后，他就会钻牛角尖，去想很多人讨厌自己，很多人看不起自己，很多人不喜欢跟自己做朋友，等等。但是，如果试着从另外一个角度去想这个问题，站在对方的角度去想，他可能会发现原来对方迎面走来的时候，太阳正照着他的脸，他感觉到很刺眼，根本没有看到自己，所以就毫无反应地走掉了，另外一个可能就是他很烦恼、很苦恼，有一些他解决不了的问题，他满脑子都想着这些问题，什么事情都好像看不到似的。

其次，钻牛角尖的现象一旦出现，能够让自己立即从反方向来考虑问题。既然钻牛角尖是做事从一个角度出发，那么克服的方法就是多角度思维，这就需要我们注意培养自己思考问题的多元化。当然，考虑周全就需要具备全面的知识，只有我们对事物的背景资料了解得多了，才有可能找到一条解决它的最佳途径。

再者，我们可以找机会多接触一些脑筋急转弯的题目。通过做这些题，可以在一定程度上帮助我们打破自己的思维定势，让自己僵化的脑筋多转几个弯，而不是局限在固定模式中走不出来。

如果你认为自己是个爱钻牛角尖的人，那么也不必忧虑，因为我们每个人实际上都有潜在的能量，只是很容易被习惯所掩盖、被时间所迷离、被惰性所消磨。当你认识到自己的问题所在，或许会对你早日走出“牛角尖”有所助益。

面对压力，试着绽放你的笑容

除了不谙世事的孩童，几乎所有的成年人头顶上都顶着或大或小的压力。有人说压力就是动力，面对压力，如果能笑着面对，就会化压力为动力，推动自己不断向前，让自己不断开创新的、更好的生活。

“压力大呀”、“都快扛不住了，背上就像背了三座大山”、“什么时候熬出头呀，顶着这么大压力过日子真够痛苦的……”

类似这样的话，或许对现代都市里的我们来讲丝毫不陌生，我们经常会听到周围的亲朋好友说出类似的话，甚至我们自己也时常发出此类感慨。我们的压力可以来自很多方面，比如工作的压力、家庭的压力、学习的压力、朋友的压力，等等。

不可否认，现代社会中的我们，可以说压力无处不在，生活带来的巨大压力让你我常常见到或亲身体验这样的情景：眼见上班快迟到了，偏偏在路上遇到了堵车，顿时就焦躁不安起来，开始按喇叭、摔东西、骂脏话，甚至恨不得把堵在前面的车一脚踢飞。好不容易露出一条缝儿，却被一旁的车强行加塞给占了去，气得你破口大骂甚至大打出手。折腾半天，终于来到了办公室，还一直对此事耿耿于怀，跟同事抱怨个没完……

应该说，这很可能就是压力导致的不良情绪反应。日益加快的生活节奏、激烈的生存竞争、繁重的工作压力、单一乏味的日常生活、沉重的生活负担等使我们经常生活在紧张的高压状态之下。

在很多人看来，压力是个不好的东西，认为它让人心情沉重、行为受阻，甚至整日生活在恐惧之中。如此看来，难道我们真的就被压力活活给“压死”了吗?

有一则这样的故事，很值得我们深思。

在日本江户时期，武士之风盛行，当时有个善于茶道的茶师，因茶艺精湛而被人赏识，寄居在一个显贵之家，每天的工作就是给主人泡茶、和主人参禅悟道。

一天，主人有事要去京城一趟，因为实在难舍茶师泡的茶，所以就叫茶师随他一起进京。

可是，那时的社会非常动荡，经常有武士和浪人横行霸道，茶师对此行深感担忧，于是向主人推脱说：“我只是一个普普通通的茶师，手无缚鸡之力，路上那么凶险，万一遇到什么不幸怎么办?”

“那你就打扮成武士的样子，别人看到你是武士，就不敢轻易欺负你了。”

见主人仍无放弃之意，茶师无奈，只好打扮成武士的样子，和主人来到了京城。

这天，茶师闲着无聊，就独自一人外出闲逛，一个武士迎面向他走来，看到茶师一副武士打扮，便指着茶师的佩剑说道：“看来你也是武士，那咱们就比试比试，切磋一下武艺。”

茶师根本不会武功，哪里敢比，只好老实交代自己是假冒的。没想到，那位真正的武士认为茶师假冒武士是对武士的不敬，遂决定杀死他。

茶师自知无法躲过此劫，便和他相约下午时在湖边比武，武士答应下来，然后离开了。

可是茶师却越想越害怕，觉得自己根本不是那个武士的对手，肯定会小命不保。巨大的精神压力折磨得他最终放弃了生存的念头，跑回旅馆向主人请教一种作为武士的最体面的死法。

主人问清缘由后，什么也没说，只叫茶师再为他泡一次茶，茶师认真地为他泡完茶后，主人对他说："你泡的茶是我喝过的最好喝的茶，你只要用你泡茶的心去面对那个武士就行了。"

茶师似懂非懂地应约来到了湖边，心想，既然死定了，那就什么都不管了，就像主人说的那样，最后好好泡一次茶吧，于是，当对手站在他面前时，他开始气定神闲地泡起了茶，动作从容而平静。

那位武士站在一旁看着，百思不得其解，越看越心虚，越发觉得这个茶师非同一般，甚至觉得茶师肯定是个深藏不露的高手，自己可能都不是他的对手。

就在茶师泡完茶，抽出剑准备应战的那一刻，武士终于不堪压力，精神崩溃了，"扑通"当一声跪倒在地，祈求茶师饶命，茶师也因此捡回了一条命。

看完这个有趣的故事，我们可以知道是什么拯救了茶师了。就是内心的从容和淡定。又是什么导致武士失败了呢？就是那种无形的精神压力。

其实我们生活的压力就像一杯水，有多重并不重要，重要的是你能端多久。也许端一分钟，对你来说轻而易举；若是端一个小时的话，你的手可能会有些酸痛；要是端一天呢？那你可能很难办到。

随着时间的推移，你会感觉这杯水越来越沉重，直到自己觉得无法承受。其实，自始至终，杯子里的水并没有增加，而是你对重量的压力感觉在不断升级。就像这杯水一样，如果你把这份压力一直担负在手上，随着时间的增加，你体力的消耗会越来越大，就会让你感觉这份压力越来越重，最终无法承担。如果想让自己承受这份压力的时间更长久，就要学会把这杯水放下，休息一会儿后再端起，你会发现轻松许多。

无数事实也证明，面对压力，那些难以迈开步子勇往直前、把压力看做一道难以跨越的坎儿的人，其生命本身缺乏拼搏的激情和战胜困难的顽强毅力。而压力在那些有着坚强意志力的成功人士眼里却从来不是一道难以跨越的坎儿，当背负压力的时候，他们常会微笑着面对，让压力变成动力，推动自己不断向前，不断打开新的工作局面，开创更加美好的生活。这样的解决之道不正是我们最想要的吗？

一个名叫卡迪尔的大富翁曾在著名的跨国零售巨头公司担任要职。卡迪尔对于工作向来一丝不苟，而且极为注重工作效率。熟悉他的人都说，他是一个不折不扣的“工作狂”，每天都让自己生活在高压下，甚至有的朋友好心地劝告他不要这样，否则累坏了身体是划不来的。

然而，卡迪尔却说：“我确实要承受很大压力，不仅是因为我的职位，还因为我对自己的要求一向很严格。但是，我并不觉得压力让我的日子变沉重了，相反，它让我觉得很轻松。我一直都认为，任何一个人都需要在压力下竭尽全力地度过自己的每一天，让自己的生活和工作变得充实而有意义。”

压力对于卡迪尔来说是不可或缺的东西之一，因为他需要在压力下尽自己最大的努力，让生活和工作变得充实，这样的想法在很多常人看来或许难以理解，但事实上，这是一种几乎所有成功者都具备的素质。在他们眼里，压力能够使人轻松，压力能够创造价值，而正是这种积极的心态让他们不断成功。

类似故事中卡迪尔这样的强者总是喜欢挑战高难度的事情，因此在他们看来，压力是使自己前进的助推器，是自己这辆不断奔跑的列车的发动机，压力可以唤起和激发出自己最大的潜能。

卓然是一家大公司的经理，每天清晨，她睁开眼睛后，想到的第一件事就是当天的工作安排。她会比任何人都早到公司，然后一刻不耽误地处理堆满办公桌上的文件和信函。

每当她为文件而忙得焦头烂额时，她桌上的电话铃声会频繁地响起来，有的电话是催她去开会，有的电话是要她接待来访客户。为了把各方面的事情都协调好，卓然每天都要保持精神的高度集中，逼自己高效率地做事。

在公司像个陀螺一样地转一天后，卓然最想做的事就是能在深夜下班回到家后好好睡一觉。通常，卓然感觉刚刚沉睡过去，闹铃就响了。

卓然生活得如此疲惫，但她却表示：“我很喜欢压力，因为有压力的人活的质量相对较高，没有压力等于不被人需要。我不会抱怨什么，毕竟路是我自己选的，这些压力也是我自己给自己制造的，压力让我的个人能力不断进步，让我充满自信。”

成功者也好，普通人也罢，每个人都会有压力。作为朝九晚五的上班族，我们也会像卓然一样常常感受到来自工作和生活中的压力，比如我们每天要面对纷繁忙碌的工作，和同事、领导、下属等处理好关系；我们必须不断地为自己充电，让自己跟得上时代的步伐而不致被别人落下；当同事加薪升职了，我们的内心也不会毫无波澜，认为自己也要努力，不然就没有升职机会……

如此看来，有压力并非坏事，所以有人说：压力就是甜点，只要你能逆向观看。既然如此，我们何不换个观念、换个角度来看待压力呢？“天将降大任于斯人也，必先苦其心志，劳其筋骨”的道理并非一种站着说话不腰疼的善意安慰。既然压力无法躲避，那就试着为它找一个出口吧，把它转化成一种前进的力量。

总而言之，在我们的生命旅程中，时时处处都会充斥着压力，如果不想让压力将自己拖垮，我们就要告诉自己这样一句话：“只要精神不滑坡，办法总比困难多。”有朝一日，当我们穿破层层压力的雾霭，在明媚的阳光下重新看自己走过的路，说不定会由衷地欢呼：压力——感谢有你！

变挑剔为欣赏，就是在为自己开启快乐之门

当我们放慢匆匆前行的脚步，以一种超脱的心境认真体味生活的每一个细小而又平凡的片段，当我们用心欣赏身边的每一处良辰美景时，我们会猛然发现，原来人世间的琐碎与喧嚣竟也如此美好。因为对生活付诸欣赏，快乐便会向我们走来。

"生活不就是日复一日地过吗？有什么需要欣赏和值得欣赏的？"

当看到这句话，想必会有不少人提出这样的质疑。的确如其所说，生活就是一个白天加一个黑夜地不停循环，或者套用某电视台的那句话："生活就是一个7日接着又一个7日。"

没错，生活就是这样，而这是从形式上表明了生活的形态，至于每个人为每一天的日子填充什么内容，就大不一样了。

有的人怀着积极的、乐观的心态去欣赏生活，那么生活展现给他们的就是明媚的阳光，就是和煦的春风；有的人怀着消极、悲观的心态来埋怨生活，那么生活展现给他们的就是阴霾的天空、震天的响雷；有的人怀着平庸的、混日子的心态来看待生活，那么生活展现给他们的就是日复一日的毫无色彩、了无生趣。

显然，生活并非只是普普通通的白天加黑夜的循环，这其中蕴含着太多不同的意味，足够令我们去分辨、去感受。

有一位作家曾经这样说过："生活的幸福在于欣赏。"如果你用欣赏的目光去看待生活，你会发现生活就像一首歌，吟唱不完它的妙趣；你也会发现生活

好比一首诗，领略不完它的精彩意境。同样，在文学名著《飘》中，梅兰姑娘有一句话："假如你用挑剔的眼光看待这个世界，那么你眼中将是遍地荆棘。"

生活中，能够把目光化尖锐为欣赏的人能有几个呢？

在周围的人看来，孙婷婷是一个挑剔的女孩，对任何事情都要求完美，近乎苛刻。当然，大家也不否认她有挑剔的资本。二十几岁如花般的年纪，美丽的脸蛋、窈窕的身材、高学历、好工作、丰厚的收入……

这近乎完美的条件使得孙婷婷永远高傲得像一个公主。但是，孙婷婷的生活并没有想象当中那样快乐轻松，这不仅令她的好朋友奇怪，就连她自己都莫名其妙：我所拥有的一切都是最好的，我要求完美，可为什么我甚至都没有一个普通人那样幸福呢？

后来，还是朋友想通了，对孙婷婷说："你感受不到幸福，恰恰就是因为你太苛刻、太追求完美，甚至可以说你看待生活的眼光太尖锐了。"

孙婷婷想了想说："可能就是这样吧。"别的不说，这个年纪的女孩，谁没有一群要好的"死党"呢？可孙婷婷只有一两个好姐妹，不是说她不需要朋友，而是她太苛刻了，对朋友的要求也太严格。曾经有一个和孙婷婷比较要好的同事，只是因为学了吸烟，就被孙婷婷拉到了"黑名单"里——断交了。

此外就是交男朋友的问题，像孙婷婷这样的女孩，身后怎么可能没有一大堆的追求者呢？可事实上就是没有，孙婷婷的高傲是尽人皆知的，偶尔有个"不怕死"的追求者，孙婷婷当然是眼睛看都不看，弄得那个男孩子只能知难而退……

类似故事中孙婷婷这样的人在生活中其实并不鲜见，他们的共同点就是总看到生活不尽人意的方面，而不是学着欣赏生活、发现其美好的一面，长此以往，不但自己感受不到生活的美好，而且让自己周围的人也难以忍受这种影响，于是逐渐远离自己。

其实，我们生活在一个五彩斑斓的世界，生活的快乐源于我们对这个世界的关注与欣赏。欣赏不仅仅只是视觉上的感受，它是一种人生的哲学，更是一种人生的体验，它凭借着我们情感的触角体会着这个世界的不同感悟。因为欣赏，岁月才呈现出生命的无比轻盈和快慰；因为欣赏，岁月才呈现出如此深邃而丰富的姿容；因为欣赏，人生才可以经历苦难而甘之如饴。

反之，如果我们用挑剔的眼光去看待生活，我们的内心就没有宽容的心去支撑那一片美丽的天空，去耕耘那一片肥沃的土地，这样，我们的生活怎么会绚丽多彩呢?！只有学会欣赏，我们便会拥有快乐；学会欣赏，我们便懂得享受；学会欣赏，我们便会走近幸福。

吹毛求疵无用，释然才是最好的解决途径

总的来说，要想让我们的生命处于快乐和放松的状态，我们必须学会放下对生活琐事的苛求态度，不去追求完美。我们越早地认识并接受了这一事实，就越能及早地拥有轻松的心态和幸福的人生。

有的人总是带着一张爱挑毛病的嘴，在他们眼里，这也有问题，那也欠妥当，总之，什么事都难入他们的法眼。

这些人不知道，这个世界本来就不存在所谓的完美，任何事情都有缺憾，人人也都有缺点，否则，老祖宗也不会总结出“金无足赤，人无完人”这样的精辟之言了。

如果一个人在生活中总是一味地苛求完美，那么只能让自己因为无法企及而变得浮躁，最终不仅达不到完美，反而还会让自己陷入失望与痛苦之中。因

此，与其吹毛求疵，不如学会释然，只有放宽心，生活才能变得更为美好。

一座深山的寺庙里住着几个和尚。一天，老和尚觉得自己时日不多，便想从弟子中找一个接班人来接替他。但是，弟子个个都很优秀，老和尚一时不知道如何选择。

过了几天，老和尚把所有的弟子都叫过来，吩咐他们去寺院后面的树林里各自找一片最完美的树叶回来。

对于师父的这一安排，弟子们都不知其葫芦里卖的什么药，但是都仍然照师父的吩咐去做了。

众弟子来到树林，有些人心想，这么多的树叶到底什么树叶才是完美的呢？他们冥思苦想，也不知道什么样的树叶是完美的，但师父交待的事情也不能应付，更不能不做。

于是，大家开始在树林里仔细并辛苦地找起来，结果到天黑，累得气喘吁吁，也没能找到那片“最完美的树叶”，最终都空手而归。众和尚中，只有一个和尚心想：这里的树叶这么多，每一片树叶又各自不同，什么样的树叶才是最完美的呢？于是他便在树林里随便拣了一片完整无损并且很干净的树叶带了回去，所以他早早地就回到了寺院里。

一天很快过去了，老和尚见众人都气喘吁吁地空手而归，唯有这个弟子很平静地把一片树叶交给他，便问他：“你拣回的这片树叶是最完美的吗?”

只听这个和尚答道：“是的，虽然我不知道您说的最完美的树叶是什么样的，但我认为我拣回的树叶是最完美的。”

接着，老和尚又问那些空手而归的和尚：“你们都没有找到吗?”

所有的弟子都说：“我们尽心尽力地在树林里找了，但是根本没有找到最完美的。”

最后，老和尚宣布自己的接班人是那个拣回树叶的弟子。

那些因寻不到“最完美的树叶”空手而归的弟子们，其心里都被“完美”给蒙蔽了，岂不知，世界上不存在完美的事物，只有那个捡回树叶的和尚知道这

一道理，于是他便成了师父的接班人。这个故事旨在告诉我们：一味地吹毛求疵寻找心中完美的事物，那么到头来只能是什么也得不到。

反观我们的生活，是不是也存在和众多和尚类似的人呢？他们孜孜不倦地想要得到最好的，认为完美才能解决一切问题。殊不知，很多时候，我们所追求的“完美”只是一些美丽的错觉罢了，实际上，世界上所有的事物其发展都是相对的，即便这一面看似完美，另一面也难免会有残缺，比如，很多为了追求财富无极限的人，一味地在事业上追求完美，而不惜付出绝大部分时间和精力，可他们却失去了家庭带来的天伦之乐，丢掉了健康这个革命的本钱。

诚然，对于完美的追求是大多数人天生的一种秉性，或者说是人的一种心理特点，这并没有什么错，因为我们人类也正是在追求中不断地完善自己，才创造出了如今五彩缤纷的世界。但是，凡事都要适度，如果仅仅因为差缺那么一点点而终日耿耿于怀或者顽固到底，那就有悖于人生追求美的初衷了。

有一位对爱情持理想主义的男子，一直试图找一位完美的女子做老婆，然而很遗憾，他直到70岁还没找到，依然孤身一人。有人问他：“你寻找了几十年，找遍了世界上很多地方，难道连一个完美的女人也没遇到吗?”那名男子非常伤心地说：“有一次，我是碰到了一个完美的女人。”那个人又问：“那你为什么没有和她结婚呢?”那个男子说：“没有办法，她也正在寻找一个完美的男人。”

某著名教育家这样说过：“每个人都争取一个完满的人生。然而，自古至今，海内海外，一个100%完满的人生是没有的。所以我说，不完满才是人生。”

然而遗憾的是，我们的现实生活中，很多人都和故事中这名男子一样追求着完美，他们希望事业永远顺达、家庭永远美满、婚姻永远幸福、恋人永远无可挑剔……

只是到头来会怎么样呢？事业总会有成功失败，家庭也总会有矛盾别扭，婚姻也免不了或大或小的痛苦，恋人还是不够完美。其实，人生不如意之事十之八九，不完美的人生才是真实的，那种希望所有的事都能够尽善尽美的想法只能出现在文学作品里或者完美主义者的希冀中罢了。

不管我们是否承认，那些过于苛求的人，他们的人生总是相对的极为沉重，生活也是十分的疲惫不堪的，这是因为，过分苛求的人的性格中往往存在着偏执的一面，他们常常自我较劲儿、自我压抑，全然不顾这些会对人的身心造成非常大的伤害。有心理学家这样说:过分苛求自己的人，平时总会感到有很大的压力，并且经常处于焦虑和疲惫中。一个人的情绪如果长期处于这种状态下，那么便很容易走上极端，患有各种心理疾病，比如抑郁症等。

我们都知道这样一句话：“水至清而无鱼，人至察则无徒。”在现实生活中，如果我们对人、对事、对自己都过于苛求，那么只能让自己身陷孤寂、痛苦和焦灼之中。这样的状态，恐怕不是我们所期待的吧。既然如此，我们何不学会理性地看待现实、认清自己，在困惑时多一些释然，少一些苛求，这样，我们就更能深刻体会生活和生命的意义。

健康是“1”，其他为“0”

健康的生命是人生幸福和事业成功的保障。倘若为了追求理想的状态而忽略身体的健康，那么早晚会遭到它的抗议，那时候，再回心转意或许已经来不及了。

对于生命，自古以来有着太多或深刻、或朴素的定义。有人说：“生命是最宝贵的，因为它只有一次。”有人说：“我们要像爱护生命一样爱护……”的确，世界上最为珍贵的东西莫过于生命。和生命比起来，其他的一切都显得卑微。

可是，有多少人真正认识到这一点并付诸实践了呢？相反，我们倒是看到很多人因为追求财富、追求心中期待的那份美好而不惜以身体健康为代价。这样，又怎么是热爱生命呢？

不是有这样一个说法吗？如果把人生看作是一连串数字的话，那么身体健康就是前面的“1”，金钱、事业、爱情等是“1”后面的“0”，显然，人生要是没有前面“1”的话，后面有再多的“0”也是没有任何意义的。而这里所说的健康，自然是延伸意义上的生命。

可见，生命是如此宝贵、如此重要。那么，为了保护好这个“1”，就要认真对待我们的身体，好好爱护我们的生命。

虽说我们要为了事业而奋斗，为了家人而拼搏，但是我们决不能忽略自己，任何时候都要善待自己、爱惜自己，让自己拥有完整、健康、愉悦的生命过程。

“二战”期间，琼斯作为美国一艘潜艇上的瞭望员，参加了向水下潜行的战斗任务。

有一天，他正在工作时，注意到一支由一艘驱逐舰、一艘运油船和一艘水雷船组成的日本舰队以极快的速度向自己所在的潜艇逼近，他赶紧把这一情况上报给指挥官，指挥官立刻下令准备发起进攻。

可是令人遗憾的是，他们的攻击还没开始，日本的水雷船却已掉过头来，朝潜艇这边冲过来。原来，有一架空中日本战机也测到了潜艇的位置，而且通知了海面上的水雷船，无奈之下，指挥官只好再次下令潜艇紧急下潜，以便躲开水雷船的攻击。

在短短几分钟的时间里，日军的六颗深水炸弹就在潜艇的四周炸开了，潜艇被逼下潜到了水下83米深处。潜艇上的每个人都知道，只要有一颗炸弹在潜艇5米范围内爆炸，潜艇就会永远留在海底了。

然而，就在这千钧一发之际，指挥官决定以不变应万变，他下令将艇上所有的电力和动力系统都关掉，然后全体官兵静静地躺在床铺上。

当时，琼斯和其他战友都害怕极了，就连呼吸都觉得异常困难，他在心底不停地问自己：难道我的死期来临了？尽管潜艇里的冷气和电扇都关掉了，温度高达36度以上，琼斯仍然冒着冷汗，心跳的声音比炸弹爆炸的声音还要大。

日军水雷船连续轰炸了15个小时，琼斯却觉得比15年还漫长。寂静中，过去生活中的点滴在眼前重现：琼斯加入海军前是税务局的小职员，那时，他总为工作又累又乏味而充满着抱怨：报酬太少、升职也遥遥无期；为买不起房子、新车和高档服装而烦恼、经常因为一些琐事与妻子争吵。

这些烦恼的事情，过去对琼斯来说似乎都是天大的事，而今置身于这坟墓一样的潜艇中，面临着死亡的威胁时，他深深地感受到当初的一切烦恼都显得那么渺小，它们和生命比起来，简直就不值得一提。

于是，他在心底暗暗发誓：只要能活着看到明天的太阳，一定要珍爱自己、珍惜生命。

日军终于把所有的炸弹扔完后开走了，琼斯和他的潜艇又重新浮上了水面。

战争结束后，琼斯回到祖国并重新参加了工作，经过生死的考验之后，他更加热爱生命了，懂得如何去幸福地生活。他后来回忆说："在那可怕的15个小时里，我深深体验到了生命的珍贵，和生命相比，世界上其他事情都是那么的微不足道。"

15个小时，或许对于平常的日子来讲算不了什么，但是对于在生死线上苦苦挣扎的琼斯来讲却是极其漫长的,也正是通过这次有惊无险的战斗，让琼斯体验到了生命的珍贵。

就生命本身而言，我们和琼斯尚无分别，我们每个人的生命都是如此，只是我们还没有经历那种生死边界的痛苦挣扎，因此没那么深刻的感受罢了。

其实，对每个人来讲，世界上没有一样东西比自己的生命更为珍贵，和生命比较起来，任何痛苦和烦恼都显得无比渺小，或许只有像琼斯这样经过生死考验的人才会更明白这一点。

和琼斯的经历相似，麦伦也有过一番对生死的体悟。

几年前，因为动脉血管瘤而住院手术的麦伦在ICU病房里思考了很多：我几乎从不珍惜自己，以前根本不相信自己会生病，更没有想过会病倒，而且需要进行这么一次大型手术。即使患了高血压，我也不听医生和家人的劝告，总是偷偷地把买来的药扔到垃圾桶。对待工作，我总是精益求精，对待妻子和整个家庭也是一丝不苟，可是现在，自己却因为没有好好珍惜自己的生命而落到这步田地。以后，只要我能够好起来，我再不会像从前那样对待自己了，我要好好爱惜自己的身体。

经过了生死的考验，终于体会到生命的价值，这是琼斯和麦伦带给我们的启示。

诚然，我们都是生活在社会中的人，谁都难免会有痛苦和烦恼。那么，要想应付各种挑战，没有良好的心理调节和心理平衡能力将会很难应付。

因此，我们要学会调整自己的情绪，凡事多往好处想，一定不要等到生死关头才感悟到生命的可贵，而应时时刻刻把身体健康放在一切事情的最前面。只有拥有“革命的本钱”，我们才能打赢一场又一场的人生之战。

无法改变事实，改变想法也是一种路径

“横看成岭侧成峰，远近高低各不同”。在任何事物中，常常是你中有我，我中有你，我们每个人都只是扮演着不同的角色而已。因此，即使面临不幸，我们也不要把事情全往糟糕处去想，说不定换个角度，就会看到另外一番景象。

很多事情出现，根本由不得我们自己，即使我们做出了100%的努力，结局或许还是和愿望相背离。

对此，有的人苦苦哀怨，有的人则顺其自然。显然，哀怨者只会让不幸的遭遇放大很多倍，而对于事情转好却无任何作用。顺其自然者显然是接受了命运的安排，与此同时，他们更多的是把事情换了个角度来看，“塞翁失马，焉知非福”或许就是他们对这段遭遇的理解和诠释。

相比较而言，后者之于前者，显然更容易从不幸中走出来，重新投入到生活的滚滚浪涛之中。

其实，我们每个人都有必要学习后者，因为事情出现了，不管是什么结局都无法改变，而此时能够改变的就只有人的想法。虽然路还是原来的路，境遇还是原来的境遇，而当我们的内心灵活了，路和境遇所带给我们的感受自然也就不同了。

在很久以前，传说有一个国家的人们都赤脚走路。有一天，国王去一个偏远

的乡村旅行，由于路面坑坑洼洼，而且又有一些碎的石子硌得国王的脚很疼。为此，国王既生气，又痛苦。

回到王宫后，国王颁布了一条命令：把全国所有的道路都铺上一层牛皮，以便让人们不再承受刺痛之苦。

国王的想法是好的，可是从哪里弄到这么多牛皮呢？就算杀了全国的牛，也无法凑够铺满全国道路的牛皮，一时间可愁坏了接受命令的大臣。一方面是国王之命不可违，另一方面是不可能筹到足够多的牛皮。

就在执行命令的大臣一筹莫展的时候，一个聪明的年轻人斗胆向国王谏言说："国王啊，为什么您要劳师动众，牺牲那么多头牛、花费那么多金钱呢？您何不只用两小片牛皮包住您的脚，这样不就免受石头硌脚之苦了吗？"

听了年轻人的话，所有人立马醒悟，于是国王立即收回命令，改用这位年轻人的建议。据说，这就是"皮鞋"的由来。

国王为了免除刺痛之苦，想出在道路上铺牛皮的做法，虽说是一番好意，但毕竟是一个劳民伤财的笨办法，而那个聪明的年轻人的想法却是，不改变道路，只改变自己的脚，这样一来同样可以达到目的，而且这种做法比给全国的道路铺牛皮容易多了。

通过这个故事，我们可以看出，想改变周围的环境很难，而改变自己则容易得多。与其改变环境，不如先改变自己。当我们改变了自己，我们周围的环境也就跟着改变了，这是一种智慧，也是一种策略。

一位女作家在其成名前，曾有一段时间陪伴丈夫驻扎在沙漠的陆军基地里。由于丈夫经常到沙漠里去演习，好久都不回来，女作家经常是一个人待在基地的小铁皮房里。沙漠里的天气热得让人受不了，而且她远离亲人，身边只有两名不会说英语的外国人，因此她感到很无聊、很难过。

于是，她就给自己的父母写信，向父母抱怨自己这里生活的糟糕状况，并表示要不顾一切回家去。

不久之后，她收到了父亲的回信，打开一看，信的内容居然只有两行字：两个人从牢中的铁窗望出去，一个看到泥土，另一个却看到了星星！正是这句话，让她永远铭刻在心，也正是这句话，彻底改变了她的生活。

女作家反复读父亲的来信，读着读着，忽然觉得非常惭愧，于是决定要在沙漠中找到星星。

从此之后，她不再把自己困在小铁皮房里，而是主动走出家门，开始和当地人交朋友。对于她的这一巨大改变，人们大为惊讶。

当然，人们也都对她非常友好。当发现她对他们当地的纺织、陶器等感兴趣，他们就把自己最喜欢但舍不得卖给观光客人的纺织品和陶器送给了她。此外，这位女作家还认真研究那些漂亮的仙人掌和各种沙漠植物，而且还学习了大量有关土拨鼠的知识。有的时候，她还会坐在石头上，静静地观看沙漠中的日落……发现一切竟然是那么美妙而温暖。

毋庸置疑，正是父亲来信中的那句“两个人从牢中的铁窗望出去，一个看到泥土，另一个却看到了星星”这句话让女作家的心态来了个180度的大转弯。其实，仅仅是一念之差，就让这位女作家原先认为恶劣的生活环境变为其一生中最有意义的冒险。

当这位女作家充分感受到自己眼前的这个新世界后，她兴奋不已，为此写下了《快乐的城堡》一书。这时候，她知道自己终于从“牢房”里看到了星星。

从某种意义上说，我们有着追寻快乐和幸福的本能，不管在什么情况下，我们只有努力地改变自己，才能让快乐产生，让幸福成长。如果我们感到不成功、不快乐、不幸福，或许并不是命运的错，更不是世界不够好，而是因为我们自身做得还不够。

我们要清楚，现实世界总会有阴暗面，灿烂的阳光从天上照下来的时候，总有照不到的地方，假如我们只把眼光盯在黑暗的地方，那么只能是自寻烦恼。因此，我们要适应环境、改变自己，只有这样，才更容易克服困难、战胜挫折，摘取幸福和快乐的果实。

当你舍得放弃之时，眼前便会豁然开朗

如果只是一味地向前走而不懂得变通，那么你永远不会成功。就算是大力士，在推倒前方无数块巨大的石块以后也总会有体力不支的时候。变通一下，绕过眼前的障碍，不是大力士的你也可以轻松地走到成功的彼岸。

当我们向着曾经的目标迈进的时候，总会有大大小小的障碍出现，但为了实现自己的目标，我们往往选择“一条道走到黑”。

可是，并非所有的愿望都能实现，也不是所有的目的地都能到达。很多时候，我们难免会步入无路可走的困境。这时候，如果还坚持往前走，那么就势必会撞南墙。既然如此，我们何不换一种思维：往前面的路不通了，那往左边和右边的路是不是可以呢？

我们都知道有一首传唱已久的歌中有这样一句歌词：“该出手时就出手。”在我们的思维习惯中，都喜欢“出手”去获得眼前的利益，而很少有人懂得，在必要的时候，我们应该学会“放手”、学会转弯，丢下已经到手的利益，以获取更大的利益。

很久以前，有一位君王要从众多妃子中选出一位王后。怎么选呢？国王的计划是：候选的妃子们均沿着一条河的岸边往前走，在走的过程中注意河边的石子，谁能捡到最大的石子，谁就有资格成为王后。

妃子们为了坐上王后的位子，便积极行动起来，并下定决心一定要找到最大

的那块石子。在众多妃子中，只有一位走到中途捡了一块就往回返，而其他的妃子都不停地往前走着，她们看到比较大的石子后，只是看一看，一心想着前面会有更大的石子，于是，就一直继续往前走。谁知到后来，石子居然越来越少，个头也越来越小了。

故事的结果自然是那位中途捡回石子的妃子坐上了王后的宝座。

这个故事告诉我们，只有适时适当地懂得放弃、懂得转弯，才会实现自己的愿望，否则就会被幻想和诱惑牢牢抓住，让自己陷入一个不可实现的梦境里。

看看我们周围的人们，很多人由于不懂得有选择地加以放弃，于是白白错过了很多机会，最后只得抱憾终身。许多人就像那些一直往前走的妃子们一样，当机会降临时，总认为更好的机会还在后头，岂不知，就在这种犹豫不决、举棋不定时，已经错失了良机。

事实上，在我们的生命旅途中，只有勇于放弃那些空中楼阁般的幻想，我们才能做到脚踏实地；只有放弃那些徒劳无益的等待，我们才能避免虚度光阴；只有放弃那些难以满足的物欲，我们才能保持生命的活力；只有放弃那些不该坚持的错误，我们才能做到拥抱真理。

在一条河的岸边，有几个人在钓鱼，还有几名游客在欣赏风景。这时，有一名垂钓者钓上来一条大鱼，足有一尺半的样子，但是垂钓者却不为所动，他把大鱼嘴上的吊钩取了下来，接着做出了一个惊人的举动：他把大鱼扔进了河里。

围观者非常惊讶，他们认为这个垂钓者太贪心了，竟然连这么大的鱼都不要！过了一会儿，垂钓者钓上来一条一尺长的鱼，钓鱼者又把鱼扔了下去。如此再三，垂钓者钓上来一只几寸长的小鱼，旁观者都觉得垂钓者会继续把鱼扔到河里，但这次出乎意料的是，垂钓者把鱼留了下来，放到了鱼篓中。

旁观者表示很不能理解，就问垂钓者为什么，垂钓者解释说："我家里的盘子最大的也没有一尺长，太大的鱼钓上来，就算带回去，盘子也装不下。"

放弃大的诱惑，找到适合自己的小诱惑，垂钓者为这一观点做出了恰当的诠释。

其实，放弃并不意味着失去，而是一种策略，更是一门艺术。我们往往执着的那个“我”并不是真我，而只不过是我们自己的一个幻影罢了。如果一个人能够放弃这种对于“我”的执着，该放手时就放手，就会减少很多烦恼，在人生的道路上就能够轻装上阵，去拥抱雨露、阳光，收获幸福和快乐，走向无限的广阔、自由的天地。这样的我们才是幸福的、快乐的，也是自由的。

既然如此，我们何不从另一个角度来端详我们的人生呢？实际上，人生就像是演戏，每个人都担当着自己的导演，只有那些学会选择和懂得放弃的人才能创造出精彩的剧目，才能“剪辑”出优美的人生片段。

选择是成功者前进路上的航标，只有量力而行地选择才会拥有更辉煌的成功；放弃是智者面对生活的明智取舍，只有懂得何时放弃的人，才能够达到如鱼得水的良好状态。

改变别人的想法，不如转变自己的观念

由于成长环境和受教育程度的不同，使我们每个人都有自己的世界观，这就要求我们要尊重别人就是要尊重别人对同一事物的看法和想法。只有懂得尊重别人的看法、想法和做法，才能获得别人的尊重，成为一个受他人欢迎的人。

与他人打交道的时候，我们常会用“强势”或者“弱势”来衡量这个人的个性特征。那些强势者多半给人一种“我是权威，听我的准没错”感觉，换言之，他们觉得对的就是对的，他们认为好的就是好的。

岂不知，我们每个人相对其他人都是独立的，这种独立性也决定了大家都是平等的，那么我们对别人讲话就要用商量的语气，而不要强势且强制。即使有必要指出别人的缺点，我们也一定要注意措辞和语调的委婉，而不能“横冲直撞。”

留意一下周围的人，我们会发现，有些人往往喜欢不加掩盖地说出别人的缺点和短处，这样看似“实话实说”，但对于听者而言是很不舒服的，很容易伤害对方的自尊。

我们都知道“鸿鹄之志”这个词语，一般用来形容一个人的志向远大。其中，鸿鹄指的是一种鸟。

据说，当鸿鹄树立了飞向远方的志向后，消息传到别的动物那里，它们都认为这是一件荒唐的事情，鸿鹄简直是自不量力、自寻烦恼。

然而，令所有动物没想到的是，不久之后的一场暴风雪使一切都改变了。

由于强烈的暴风雪，使得许多鸟失去了家园，它们被迫长途迁徙，飞向远方，当它们陷入极其困难时，鸿鹄飞过来把它们带进了一个没有忧愁、没有烦恼的乐园里。

不难看出，那些鸟之所以会遭受如此大的损失，就是用自己的喜好来判断事物的发展。反观我们的现实生活，也有一些人会像上述故事中的鸟儿们一样，喜欢用自己的喜好来判断事物的发展，而往往，这样的举动只会带来不利的后果。

我们应该清楚地认识到，我们习惯性地用自己的喜好去认识、评价、判断、衡量别人，往往有失偏颇，进而不能给他人带来更多更好的影响。

我们来看看下面这个故事。

有一位大学教授来到一个落后的小乡村游玩，他雇了当地村民的一艘小船。当小船开动后，这位教授问船夫：“你会数学吗？”

船夫愣了愣，回答道：“先生，我不会。”

教授接着又问船夫：“那你会物理吗？”

船夫说道：“物理？我也不会。”

教授还不死心，继续问船夫："那你会用电脑吗?"

船夫回答："先生，我不会用电脑。"

听了船夫的话，教授摇了摇头，对船夫说道："你不会数学，你的人生目的已失去1/3；不会物理，你的人生目的又失去了1/6；你不会用电脑，你的人生目的又失去1/6。也就是说，你的人生目的总共失去了2/3，你只拥有1/3……"

教授正说到这里的时候，忽然天空中飘来大片黑云，紧接着刮来了强风。

眼看暴风雨就要到来，小船摇晃得厉害，这时候船夫问教授："先生，你会游泳吗?"

这时候该轮到教授发愣了，他答道："不会，我没学过。"

船夫摇摇头说道："那你人生目的快要失去全部了……"

这个故事看上去很有意思，但其中所蕴含的道理却值得我们深思。看看我们的现实生活，是不是有些人就像这个教授似的，总喜欢用自己的标准来衡量别人？他自己是数理方面的专家，便认为数学、物理和电脑是最为重要的，如果不了解这些东西，对方的人生就没有了意义。可是，对于船夫而言，精通数学、物理和电脑又有什么意义？又不能帮自己拉几个客人、多赚一些钱，还是在紧要关头具备"活下去"的能力更重要。

这个故事是心理学上"投射效应"的生动案例。不可否认，由于人与人之间会存在一定的共同性，都有一些相同的欲望和要求，所以，很多时候，我们对别人做出的推测都是比较正确的，但是，不要忘了，除了共性，人和人之间还存在各自的特性，因为差异的存在，所以会导致我们的推测出错。

因此可以说，这种以己度人的"投射效应"能使我们对其他人的知觉产生失真，因为这种投射使我们倾向于按照自己是什么样的人来判断他人，而不是按照对方的真实情况进行判断。所以，我们不能一味地用"我"的标准来作为判断事物好与坏、正确与错误的标准。当没有办法改变别人的想法时，不妨转变一下自己的观念，这样一切就都能想得通了。

不拿别人的错误惩罚自己

生活中，总有一些让我们不开心的事，比如因为别人的不友好、不诚信而生气。可是不要忘了，我们自己也说不定什么时候会犯下错误。所以，我们没必要总在对方的错误上找心理平衡，而要学会让自己的胸襟开阔一些，这样我们的内心才更和谐。

当我们劝说周围正在生气的朋友时，常常用到这样一句话：生气是拿别人的错误惩罚自己。

没错，很多时候我们生气是因为别人的错误，而不是自己的错误，既然如此，我们何必惹祸上身呢？不如让他自己去化解错误好了。如果我们总是抓着对方的错误紧紧不放，或者希望能够说一些恶俗的话来夸大对方的错误，不仅对于事情的改观没有丝毫用处，而且对于彼此的关系也会产生恶化的助力，最主要的当然还是让我们心情烦闷、郁郁寡欢。

古人云："己所不欲，勿施于人。"其实，我们每个人都有顺境，也有逆境，别人在这个时间犯错误，我们就有可能在下个时间也犯错误，所以，不要总是在对方的错误上找心理平衡，要学会让自己的胸襟开阔一些，多去换位思考，这样，我们才能站在对方的角度去思考问题。

如果为了逞一时口舌之快，我们指着对方的鼻子说一些恶俗的话语，虽说当时感觉"出了这口恶气"，可等到时间长了，我们就会发现，因为自己一时的口舌之快而失去了一个非常重要的朋友，这时，我们的内心就会变得非常纠结，而我们也会感到非常痛苦。

一次，拿破仑得到消息，他的一位名叫塔里兰的得力外交大臣勾结外敌密谋造反，于是他匆忙从西班牙赶回来。

拿破仑回来后，急忙召集所有大臣，他心里一直盘算着：我一定要揭穿塔里兰这个家伙，要狠狠地数落数落他，让他回心转意。

众人面前，拿破仑再也压不住内心的怒火，他用眼睛狠狠地盯着塔里兰，恨不得用自己眼中的怒火将塔里兰化为灰烬，可是塔里兰却没有任何反应。

怒火继续燃烧，拿破仑再也控制不住自己的情绪，走近塔里兰说："有些人希望我马上死掉!"

事实上，塔里兰的确在密谋造反，但他深知拿破仑的性格，他想故意激起拿破仑的怒气，让他发火，从而让他失去领导者的权威，所以尽管拿破仑暴跳如雷，他依然没有任何的异常举动，只是用疑惑的眼神看着拿破仑。

果然不出塔里兰所料，拿破仑的怒火终于像火山一样喷发了，他冲着塔里兰大喊："你的权力是我给的，你的财富也是我给的，你竟然背叛我！你这个忘恩负义的家伙，没有我，你什么都不是，你不过是一团狗屎，我再也不想见到你。"说完，拿破仑甩袖而走。

此时的塔里兰依然镇定自若，待拿破仑走后，他才站了起来，一脸平静地对其他大臣们说："我们伟大的皇帝今天是怎么了？他为什么对我如此暴躁？我可没有做什么对不起他的事情。或许，是他心情不好才会这么没有礼貌的。"

见此情景，大臣们都心知肚明地认为拿破仑开始走下坡路了，因为他的怒气让他失去了一个领导者应该有的权威和度量，影响了人们对他的支持，而密谋造反的塔里兰正好因此得逞。

有句话说得好："永远不要在情绪上涌的时候作出决定。"拿破仑就是如此，他为了解心头之恨，对塔里兰大发雷霆，进而失去了一个领导者应该有的权威和度量，不但没有激起大臣对他的忠心，反而使得大臣们焦虑不安，导致他处于孤立无援的境地，权力也因此而风雨飘摇。

因此，我们一定不要像故事中的拿破仑这样，在遇到利益侵害、名誉受损、遭受背叛等时刻发怒。正确的做法是，我们要始终保持一种春天般的温暖的情怀，不管对方是处在高位还是处在低谷，我们都要保持一颗慈悲的心，不要让情绪成为我们人际关系上的绊脚石。他人错误的产生是他们自己的事，他们必然能够找到解决自身问题的方法，如果我们总对别人的错误耿耿于怀，那么我们就无法静下来去做自己的事了。

这也就是说，我们千万不要活在怨愤里。人要学会释然，错误的产生是必然的，但是我们要知道，知错能改，善莫大焉。犯了错误，只要对方愿意改正，我们就不必介怀，毕竟我们不是圣贤，都会犯一些错误。

与其拿对方的错误来惩罚自己，不如先完善自己，先让自己的内心安定下来，这样，我们的视野才会变得更开阔，而我们的内心也将会因此变得更加强大。

在我国古代的一个大庄园里，庄园主雇了十多个长工来做事。长工们闲来无事，常常坐在一起开玩笑，有时玩笑过火了就会起冲突。很多时候，冲突过后他们谁也不搭理谁，还会将怒火发泄到工作中去，结果将农田弄得一团糟。

这十几个人中有这样一个人，每次当他和别人发生争执生气的时候，他便以很快的速度跑回家去，绕着自己的房子和土地跑三圈，跑得气喘吁吁，然后再回来继续工作，就像什么事情也没有发生过一样。

这样次数多了，大家都很好奇，便询问这个人到底是怎么回事，他每次都笑而不答，众人也理不出头绪。由于他鲜少与人结怨，又踏实能干，薪水涨了又涨，房子越来越大，土地也越来越广。但不管房子和土地有多大，只要与别人争论生气时，这个人还是会绕着房子和土地跑三圈。渐渐地，他很老了，但他还是会生气，一生气，他还是会拄着拐杖，艰难地绕着房子和土地走。

有一次，这个人又生气了。当他在孙子的搀扶下，拄着拐杖绕着房子和土地喘着气走完三圈时，孙子终于憋不住了，恳求地说：“爷爷，明明是对方的错，您为什么要这样惩罚自己呢？您可不可以告诉我这个秘密？”

这个人禁不起孙子的苦苦哀求，终于说出了隐藏在心中多年的秘密。他说：“我不是在惩罚自己，而是解脱自己。我一边跑，一边想着自己的房子这么小、土地这么少，哪有时间、哪有资格去跟人家生气呢?等跑完了，我心中的怒火就消失得无影无踪了，于是就把所有时间都用来努力工作了。”

孙子又问道：“您现在年纪大了，又变成了最富有的人，为什么还要绕着房子和土地走呢?”

这个人笑着说：“因为我现在还是会生气，所以生气时还是要绕着房子和土地走三圈。我边走边想：我的房子这么大、土地这么多，我还跟别人计较什么呢?一想到这里，我的气就消了。”

看得出，这个人用自己特有的方法释放了情绪，因此也就没给自己的心理设置麻烦，而他的事业也因为对于他人过错的释怀而有更多的发展机遇。这样看来，我们是不是应该敬佩这位智慧而豁达的人呢?

实际上，我们的人生没有多大的哀愁，如果我们一遇到不快就说：就算我们感到快乐，也会被哀愁所冲淡。同样地，如果我们每天快乐一些，对不愉快看得淡一些，那么，我们就能离心胸宽广更近一步。

无疑，一个对别人严苛的人必然会对自己严苛，当我们看到别人犯错，就会认为自己做得都对，其实，这只是一种比较概念，因为，我们不是先知，因此无法预知自己下秒钟是对还是错。其实，别人发生了错误，为的就是避免让自己犯同样的错误。只有找到自己错在了哪里，才能让自己下一次做正确。如此一来，气也消了，智慧也增长了，何乐而不为呢?

不要把“得不到”和“已失去”理想化

人之所以痛苦，其根源多源自失去了想拥有的、想拥有得不到的。然而，等到有一天一路走过，蓦然回首，却发现两手空空，一直所追寻的“最珍贵”的东西竟然不见踪影，全都消逝在沿途的路上了。其实真正的美好和幸福不在别处，就在当下，就在眼前。

有些人在别人看来已经算是人生顺达、生活不错了，可他们自己却总觉得还远不够好，常常觉得：要是我以前怎样怎样就好了，或者以后如果怎样怎样就令人满意了。

显然，这些人是活在对“过去”的遗憾或者对“未来”的憧憬中，他们唯独没看到的是现在、是当下，这也正是人们为这些人总结出来的两个很生动的词的最好释义——它们是“得不到”和“已失去”。这两种东西是上述这些人心中所认为的最为宝贵的东西，当下的一切和它们简直没法比。

事实果真如此吗?

其实，人们之所以如此，是因为随着时间的流逝，我们往往会把心中那些求之不得的东西予以美化，直至其越来越完满；它们永远存在于我们的记忆里，而且任凭我们去描画，也就越来越是我们喜欢的样子。这就好比悲剧总是比喜剧更容易让人记住，那些得不到的东西就会远比到手的让我们日思夜想、牵肠挂肚。就好比爬山，到过的地方就说不美，攀不上的高峰，就越想努力往上去到达。

岂不知，这些想象中的东西是无法和活生生的现实相比的，“得不到”和“已失去”不过是我们为自己编造出来的一个美丽的期许罢了，它们能够在一定程度上安抚我们失落的情绪、缓解我们悲伤的心灵，但更多的还是会为我们带来遗憾、落寞。换言之，最珍贵的东西并不是“得不到”和“已失去”，而是现在，是此时此刻。

佛光禅师正在诵读经文，无德禅师前来拜望。

两位禅师闲聊起来，佛光禅师对无德禅师说：“你是一位很有名的禅者，为什么不找一个地方隐居呢?”

无德禅师惋惜地说：“您虽然是一位很好的长老禅师，但是却连隐居之处都不知道。”

无德禅师在佛光禅师处住了下来，一天，有一位学僧问他：“我想离开佛教义学，请禅师帮我抉择一下。”

无德禅师告诉他：“如果是那样的人就可以了。”

学僧刚要礼拜，无德禅师说：“你问得很好，你问得很好。”

学僧说：“我本想请教禅师，可是……”

无德禅师说：“我今天不回答。”

学僧问：“干净得一尘不染时又怎样呢?”

无德禅师回答：“我这个地方不留那种客人。”

学僧问：“什么是您的家风啊?”

无德禅师说：“我不告诉你。”

学僧不满地责问说：“您为什么不告诉我呢?”

无德禅师也就不客气地回答：“这就是我的家风。”

学僧更是认真地问：“您的家风就是没有一句话吗?”

无德禅师说：“打坐!”

学僧顶撞地问：“街上的乞丐不都在坐着吗?”

无德禅师拿出一个铜钱给学僧。

这时，学僧终于有所省悟了。

无德禅师再见佛光禅师时说：“当出行的时候出行，当隐居的时候隐居，我现在已经找到隐居的地方了!”

故事中，无德禅师的话明确道出了“活在当下”的要义，“当出行的时候出行，当隐居的时候隐居。”这也就是说，凡事应该因时而异、因时制宜，该做什么事情时就做什么，也就是活在“现在进行时”。

其实，我们每个人的生活中并不缺少幸福，只是缺少发现罢了。如果你还在四处寻觅，那么只能说明你欠缺了一双善于捕捉幸福的眼睛。

虽然生活中不乏痛苦，但幸福也是无处不在的：拥有亲情是幸福，拥有爱情是幸福，拥有友情是幸福，有钱是幸福，有家是幸福，有知识是幸福，有工作也是幸福……对每个人来说，虽说不能拥有全部的幸福，但是总会有幸福陪伴在身边。所以，请不要再为“得不到”和“已失去”而遗憾和期盼了，真实的幸福就在你身边的一点一滴里。

让一切顺其自然，轻松和快乐就会来到你身边

生活中是没有旁观者的，每个人都是这个大舞台上的主角，每个人也都能找到一种属于自己的精彩。而人生，只需顺其自然——花开的时候尽情绽放美丽；没有花开的时候，就默默孕育。

奔忙于日复一日的生活大潮中，我们常常发出“活着真累”的无奈感慨，因为总有一些时候让我们的内心充满着烦恼与不快。可是，我们是否想过，人有悲欢离合，月有阴晴圆缺，这似乎注定了生命中会有些悲伤与烦恼不请自来，甚至连我们的生命本身都是依照自然的律动不期而至，依照自然的牵引姗姗前行，最终又依照自然的引领化作一缕青烟，回到自然中去。

这样看来，似乎所有的一切都已是冥冥之中的定数，由不得我们随心所欲地去抗争。事实上，在我们的人生中，几乎所有的成败与得失并不是我们能够预料到的，很多事情也并不是我们都能够承担得起的。但是，如果我们在此过程中尽了力，结果如何就听老天爷的安排好了。

说到底，我们需要有一种顺其自然的心态。因为只有这样，我们才能保持内心的宁静与和谐，才能在下一个人生的路口怀着轻松坦然的心境继续向前。

关于这一点，佛家的智慧很值得我们学习，下面有这样一个故事：

三伏天里，禅院的草地枯黄了一大片，小和尚说：“快撒点儿草种子吧！好难看哪！”

师父挥挥手说："不着急，等天凉了，什么时候有空了，我去买一些草籽。什么时候都能撒，急什么呢？随时！"

中秋的时候，师父买了一包草籽，叫小和尚去播种，小和尚高高兴兴地去撒草种子了，并且对师父说："等草籽撒上，我们很快就能看到绿油油的青草了。"

可是，秋风乍起，草籽边撒边飘。"不好了！好多种子都被吹飞了。"小和尚喊道。

"没关系，吹走的多半是空的，撒下去也发不了芽。"师父说，"随性！"

撒完种子，跟着就飞来了几只小鸟啄食。"要命了！种子都被鸟吃了！"小和尚急得跳脚。

"没关系！种子多，吃不完！"师父说，"随遇！"

半夜下了一阵骤雨，早晨，小和尚冲进禅房："师父！这下真完了！好多草籽被雨冲走了！"

"冲到哪儿，就在哪儿发芽！"师父说，"随缘！"

一个星期过去了。原本光秃的地面居然长出许多青翠的草苗，一些原来没播种的角落也泛出了绿意。

小和尚看见了，高兴得直拍手。

师父点头："随喜！"

不得不说，故事中的这位师父真是位懂得人生乐趣之人，他不去苛求，而是抱着顺其自然的态度对待草籽，到头来反而有了一番收获。

可看看身在凡尘中的我们，能做到这一点的有几个呢？我们中的大多数人往往是为求一份尽善尽美而绞尽脑汁、殚精竭虑，每遇关系重大、情形复杂的状况，更是为之寝食难安。

其实，真正的智慧并非如此，这样做也难以收获理想的结局。在遇到问题的时候，与其百般思量，不如顺其自然，或许更能够柳暗花明又一村。

因此，我们不妨像禅者一样，想要放旷于天地之间须先有颗自由飘逸的心，随着清风，如同白云一样地漂泊，悠闲自在、舒卷随意。顺着因缘而行，豁达坦荡，若如此，也就能凡事求得安心了。当我们一筹莫展时，或许只需要一点点冷静；当我们绝望时，或许只需要一点点理智；当看到别人恶意的眼神或者随意的评价时，或许只需要我们一个淡淡的微笑……我们用这种冷静、理智和微笑化解可能产生的怨愤和怒气，让我们的心灵在世事的涤荡中不断升华，这总比我们对任何事都耿耿于怀、对不友好的人都恨意浓浓要好很多。

事实上，生活赐予我们每个人的并没有太大的不同，我们每个人都有自己固定的位子。阳光照射着国王的宫殿，同时也洒进农夫的寒舍；雨露滋润着高山的青松，也滋养着田里的麦苗。其中真正的不同，只是我们的胸襟中是否拥有一份“顺其自然”。当我们有了这样的心境，就相当于拥有了对待人生、对待生活的真正智慧，哪怕生活给予我们的是一次又一次的挫折、一次又一次的失败，我们也会以感恩的心态来看待这一切，因为那只是命运剥夺了我们活得高贵的资格，但并没有夺走我们活得快乐和自由的权利。

当然，让人生顺其自然，并不是表明我们的平庸，而是一种超然的人生境界。没有蓝天的蔚蓝，我们可以有白云的飘逸；没有大海的壮阔，我们可以有小溪的悠然；没有草原的芬芳，我们可以有小草的青翠……如此，就是重视自己生命的价值，能够在滚滚红尘中独享那份恬静，得意而不忘形、失意而不萎靡。这样的人生，又有什么理由不轻松、不快乐呢？

第4章

如果不是勇敢承担，人生不会创造精彩

在有些人眼里，一个困难就是一次危机，而在另一些人眼里，一次困难就是一个机会。善于发现问题并解决问题的人总是会得到比其他人更多的机会，当然也会得到更多的收获。因此，不管何种情况，我们都应该做一个内心拥有责任感、勇于承担的人。当我们面前出现问题时，我们要做的就是去战胜它、克服它，只有这样，我们才能走得更远，有更多的进步和提高。

突破胆怯，你就突破了一次危机

在这个世界上，但凡胆小怕事的人都是没有任何出路和希望的。很多时候，胆小怕事到了极致，就相当于自己把自己给束缚了起来。我们要对自己有一个清醒的认识，不能让胆小的心绊住了我们前行的脚步。

生活中，我们经常会碰到这样的情况：同样的人在面对同样的事的时候，常常会出现不同的结果。为什么会这样呢？如果我们仔细想想，就不难发现，人世间，每一个人的眼光各不相同，看问题的角度与理解事物的能力也不一样，因此会产生如此大的差别。

内心怯懦的人往往会比较自卑，认为自己这也做不好、那也做不成，遇到事情畏首畏尾、裹足不前。而内心勇敢的人则不会畏惧坎坷、害怕失败，不管什么情况，他们总能够振作精神、迎接挑战。

可以说，一个人真正的失败在很大程度上源于生性怯懦，而非其他。他们或许不知道，胆怯就像一副沉重的枷锁，不仅束缚着我们的行动，还撕扯着我们的自信。如果任由胆怯蔓延，最终将把我们折磨得身心俱疲、奄奄一息，让生命如将熄的蜡烛一样毫无生气可言，因此，怯懦就像是自己对自己贬低、自己和自己过不去。

我们来看看下面这个契诃夫的经典作品——《小公务员之死》。

在一个天气很好的晚上，有一位心情同样很好的庶务官伊凡·德米特里·切尔维亚科夫坐在剧院第二排座椅上，正拿着望远镜观看轻歌剧《科尔涅维利的钟声》。

他看着演出，感到无比幸福。但突然间，他的脸皱了起来，眼睛往上翻，呼吸停住了，他放下望远镜，低下头，便阿嚏一声！

他打了个喷嚏，你们瞧。无论何时何地，谁打喷嚏都是不能禁止的。庄稼汉打喷嚏、警长打喷嚏，有时连达官贵人也在所难免，人人都打喷嚏。切尔维亚科夫毫不慌张，掏出小手绢擦擦脸，而且像一位讲礼貌的人那样，举目看看四周：他的喷嚏是否溅着什么人了？但这时，他不由得慌张起来。他看到，坐在他前面第一排座椅上的一个小老头正用手套使劲擦他的秃头和脖子，嘴里还嘟哝着什么。切尔维亚科夫认出这个人是三品文官布里扎洛夫将军，他在交通部门任职。

“我的喷嚏溅着他了！”切尔维亚科夫心想，“他虽说不是我的上司，是别的部门的，不过这总不妥当，应当向他赔个不是才对。”切尔维亚科夫咳嗽一声，身子探向前去，凑着将军的耳朵小声说：“务请大人原谅，我的唾沫星子溅着您了……我出于无心……”

“没什么，没什么……”

“看在上帝的份儿上，请您原谅。要知道我……我不是有意的……”

“哎，请坐下吧！让人听歌剧嘛！”

切尔维亚科夫心慌意乱了，他傻笑一下，开始望着舞台。他看着演出，但已不再感到幸福，他开始惶惶不安起来。幕间休息时，他走到布里扎洛夫跟前，在他身边走来走去，终于克制住胆怯的心情，嗫嚅道：“我溅着您了，大人……务请宽恕……要知道我……我不是有意的……”

“哎，够了！……我已经忘了，您怎么老提它呢！”将军说完，不耐烦地撇了撇下嘴唇。“他说忘了，可是他那眼神多凶！”切尔维亚科夫暗想，不时怀疑地瞧他一眼。“连话都不想说了，应当向他解释清楚，我完全是无意的……这是自然规律，否则他会认为我故意啐他。他现在不这么想，过后肯定会这么想的！……”回家后，切尔维亚科夫把自己的失态告诉了妻子，他觉得妻子对发生的事过于轻率。她先是吓着了，但后来听说布里扎洛夫是“别的部门的”，也就放心了。

“不过你还是去一趟赔礼道歉的好，”她说，“他会认为你在公共场合举止不当！”

“说得对呀！刚才我道歉过了，可是他有点儿古怪……一句中听的话也没说，再者也没有时间细谈。”第二天，切尔维亚科夫穿上新制服，刮了胡子去找布里扎洛夫解释。走进将军的接待室，他看到里面有许多请求接见的人，将军也在其中，他已经开始接见了。询问过几人后，将军抬眼望着切尔维亚科夫。

“昨天在‘阿尔卡吉亚’剧场，倘若大人还记得的话，”切尔维亚科夫开始报告，“我打了一个喷嚏，无意中溅了……务请您原……”

“什么废话！……天知道是怎么回事！”将军扭过脸，对下一名来访者说：“您有什么事？”

“他不想说！”切尔维亚科夫脸色煞白，心里想道，“看来他生气了……不行，这事不能这样放下，我要跟他解释清楚……”当将军接见完最后一名来访者，正要返回内室时，切尔维亚科夫一个箭步跟上去，又开始嗫嚅道：“大人！倘若在下胆敢打搅大人的话，那么可以说，只是出于一种悔过的心情……我不是有意的，务请您谅解，大人！”

将军做出一副哭丧脸，挥一下手：“您简直在开玩笑，先生！”将军说完，进门不见了。

“这怎么是开玩笑？”切尔维亚科夫想，“根本不是开玩笑！身为将军，却不明事理！既然这样，我再也不向这个好摆架子的人赔不是了！去他的！我给他写封信，再也不来了！真的，再也不来了！”切尔维亚科夫这么思量着回到家里，可是给将军的信却没有写成。想来想去，怎么也想不出这信该怎么写，只好次日又去向将军本人解释。“我昨天来打搅了大人，”当将军向他投去疑问的目光，他开始嗫嚅道，“我不是如您讲的来开玩笑的，我是来向您赔礼道歉的，因为我打喷嚏时溅着您了，大人……说到开玩笑，我可从来没有想过。在下胆敢开玩笑吗？倘若我真开玩笑，那样的话，就丝毫谈不上对大人的敬重了……谈不上……”

“滚出去!!”忽然间，脸色发青、浑身打战的将军大喝一声。

“什么，大人？”切尔维亚科夫小声问道，他吓呆了。

“滚出去!!”将军顿着脚，又喊了一声，切尔维亚科夫感到肚子里什么东西碎了。什么也看不见，什么也听不着，他一步一步退到门口。他来到街上，步履艰难地走着……他懵懵懂懂地回到家里，没脱制服，就倒在长沙发上，后来就死了。

这是契诃夫经典的短篇小说，在这里，我们愿意相信：这位小公务员是一个好人，他有一个体贴他的老婆，有一个温暖的家。我们可以愤然地说，是那个万恶的社会残害了他。但是，我们心中应该比谁都清楚，他的真正死因并非是黑暗的社会制度，而是他那颗胆小怕事的懦弱的心。

可见，如果我们过低地估计自己，那么遇事时就会认识不到自己拥有的能力。而无法认识自己，便会跳不出自己的思维模式，越是跳不出自己的思维模式，就会越觉得自己不行，这样势必会依赖他人、受他人的操纵。如果是这样，那么每失败一次，自信心就会受到一次伤害。久而久之，所有的行为就会按照别人的意见来行事，一切也就会让别人来操纵，如此，可悲的事情便会接踵而至。

但是，如果我们相信自己，深信自己一定能实现梦想，那么我们就会鼓起勇气，笑闯人生的风浪。

一位年轻的画家信心满满地把自己的一幅佳作送到画廊里展出。他看着自己付出心血打造的作品，心中十分高兴，认为一定会得到他人的赞美。

于是，他别出心裁地在画作旁放上一支笔，并附言：“如果观赏者认为这幅画有欠佳之处，那么请在画上做上记号。”第一天，展出结束后，年轻的画家的这幅画上被标满了记号，几乎没有一处不被指责的。

年轻画家的信心受到了打击，回去想了一晚后，忽然若有所悟，于是赶忙提笔又重新画了同样的画拿去展出。不过，这次的附言与上次不同，他请观赏者将他们最为欣赏的妙笔都标上记号。结果，当年轻画家再取回画时，看到画面又被涂满了记号，原先被指责的地方都换上了赞美的标记。

从这个故事里，我们可以看出，年轻的画家不受他人的操纵，自信而不自满，善听意见却不被意见所左右，而这就是成功者应有的心态。

有人说过这样一句话：“有自信心的人，可以化渺小为伟大，化平庸为神奇。”是的，世界上，每个人看事情的角度都是不一样的，我们没有必要企求得到所有人的赞扬，年轻画家的故事正好诠释了这个主题。要知道，如果画家在受到指责后就沮丧不已，认为自己不行，那么他真的就会因此消沉下去，没有信心再继续从事创作了。

怯懦就是看不起自己，而看不起自己就是自己和自己过不去。生活中，人们常常把自信比作发挥主观能动性的闸门，比作启动聪明才智的马达，这都是很有道理的。我们只有确立自信心、赶走怯懦，才能真正地发现自己、肯定自己。

要知道，相信自己，就是相信自我是有价值的，这种价值体现在我们能够为社会、为他人创造价值，而且社会、他人也会反过来为我们提供相应的服务。所以，抛弃怯懦的心理吧。只要我们相信自己，就能把握住自己的个性；只要不在乎别人怎么评价自己，就能为自己赢得一片天地。而如果我们不信任自己、不尊重自己，那自然就不会得到别人的信任和尊重。

其实，获得成功最可靠的资本就是自信，而最大的阻碍就是胆怯。因此，我们只要相信自己的价值、充分认识自己的长处，就一定能够保持奋发向上的劲头，一定能够取得最终的成功。

靠人不如靠己，老天只助自助者

人生是一条没有尽头的路，不要留恋逝去的梦，不要把幸福寄托在他人身上，而应告诉自己，幸福只把握在自己手中。在艰难前行的人生途中，只要自己学会独立、学会坚强，就会充满前进的希望。

有的人喜欢把希望寄托在他人身上，比如靠父母帮自己买房子、靠亲戚为自己找工作、靠同事出谋划策搞定工作……凡事都依赖于他人，总希望从外界得到援助，而自己却像个没事儿人一样不去努力、无所作为。

不客气地说，这样的人和寄生虫又有什么区别呢?

也许他们会说，自己的力量是有限的，靠别人不正是人多力量大的最好体现吗?

有些时候，或许人多真的力量大，但在创造一个人的未来、促进个人的成长和成功方面却未必如此。不管外界的力量有多么巨大，最终能决定事情成败的还是你自己。

在一个寺庙里有一位乐善好施的方丈。因为这一点，这位方丈在十里八乡都有所闻名，使得乞丐们经常到方丈所在的寺庙里乞讨。

一天，一个只有一只手的乞丐来到寺庙，向方丈乞讨，方丈看了看寺庙门前的一堆砖，对乞丐说："你帮我把这堆砖搬到后院去吧。"

可是，乞丐觉得方丈难为自己，就生气地说："我只有一只手，怎么能搬砖呢？你不愿意施舍就不施舍，何必捉弄我呢？”

没想到，方丈自己却伸出一只手搬起一块砖，向乞丐说：“一只手也可以把砖搬起来呀。”

乞丐无奈，只好用一只手一块一块地搬，整整花了一个下午的工夫，乞丐才把砖全部搬到后院。

搬完后，方丈递给乞丐一点儿银两，乞丐接过钱，很感激地说：“谢谢你，方丈！”

方丈说：“不用谢我，这是你自己赚的钱。”

乞丐说：“我不会忘记你的。”说完深深地鞠了一躬，就离开了。

第二天，又有一个乞丐来到寺院乞讨，方丈把他带到后院，指着前一天的乞丐搬过来的砖堆说：“你把砖搬到屋前，我就给你一些银子。”但是，这位双手健全的乞丐却鄙夷地走开了。

方丈的弟子见了，不明所以，就问方丈：“上次您叫乞丐把砖从前院搬到后院，这次您又叫乞丐把砖从后院搬到前院，您到底想把砖放在前院还是后院呢？”

方丈对弟子说：“砖放在前院和放在后院都是一样的，可搬不搬对乞丐来说就不一样了。”

几年后，一个很体面的人来到了寺院，这个人只有一只左手，他就是用一只手搬砖的那个乞丐。自从那次方丈让他搬砖以后，他找到了自己的价值，然后靠自己的辛勤劳动奋力拼搏，终于变成了一个富翁。这次来，他是特意为寺院捐献一大笔钱的。

就在他走出寺院时，碰到了一个乞丐向他乞讨，那个乞丐就是原先双手健全的乞丐，现在依然还是乞丐。

方丈在寺院大门口对弟子说：“你看到了吧，这就是命运。命运靠自己掌握，幸福靠自己创造。”

没错，一个人要想拥有好命运，就只能靠自己的双手来创造。上述故事中，第一个乞丐在方丈的引导下学会了用自己的劳动创造幸福，最终他果然功成名就；第二个乞丐则太过将希望寄托于别人身上，不肯用自身的付出来换取回报，他的结果自然是一辈子都在做乞丐。

因此可以说，当我们渴望获得人生的成功和美满时，最应该做的就是像第一个乞丐那样，尽自己所能来努力创造，而不是像第二个乞丐那样相信自身之外的东西，以致失去信心。

类似于第一个乞丐那样靠自己的劳动战胜困境、取得成功的人会告诉我们：不幸并没有那么难以打败，只要在不幸中坚持对美好生活的向往，并积极地去学习、去创造，就一定会把自己从糟糕的生活中解救出来。《英国和威尔士的美人》一书的作者约翰·布里敦就是自己将自己从困苦的生活中解救出来的人，我们来看看关于他的案例。

约翰·布里敦是个贫寒家庭的孩子，做面包师的父亲因为被人抢了生意而发疯，这对于约翰·布里敦及他的整个家庭来说，无异于雪上加霜。那时候，约翰·布里敦还是个孩子，面对突如其来的不幸，他不知道该如何做，茫然不知所措。

不过可喜的是，约翰·布里敦并没有因此而沉沦、堕落。相反，他坚定地扛起了赚钱养家的责任。约翰·布里敦去了他叔叔开的酒店里做勤杂工，比如帮伙计装酒、上瓶塞、储存葡萄酒等，他干起活来像个小大人一般。就这样，约翰·布里敦辛辛苦苦干了五年活后，突然被他叔叔逐出门。兜里只有几个硬币的他，硬生生地熬过了六七年漂泊不定的生活。

几年来，没有任何依靠的约翰·布里敦经历了种种委屈。没有人能够帮他，能够帮助他的只有自己。由于没钱坐车，他只好步行走了很远，在一个地方找到了一份擦鞋的工作，赚了些路费后，他又去了大城市伦敦。

工作依然不好找，直到很久之后，被饿得面色发紫的约翰·布里敦终于在伦敦酒店找到了一份管理酒窖的工作。工作的时间很长，甚是辛苦，每天要从早上7点工作到晚上11点，并且要一直闷在漆黑的酒窖里。

虽然长时间过度的劳累影响了约翰·布里敦的健康，但他并没有因此就懒下来。为了摆脱穷困的命运，约翰·布里敦一有时间就读书写字，由于他住的地方十分寒冷，他又没钱买炉子，所以一到晚上就不得不缩在被子里看书。后来，他开始从事律师的工作，这份工作相对轻闲一些，工资也比以前高。又过了几年，他换了一家律师事务所，工资也涨了一些，但他仍然坚持看书，并尝试写作。

功夫不负有心人，终于在约翰·布里敦28岁那年，他出版了自己的第一本书——《皮萨罗的求职经历》。从那以后直到去世，约翰·布里敦一直坚持文学创作。55年间，他出版的作品达87部，其中《英国大教堂的古代风习》一书最为有名，此书体现了约翰·布里敦不知疲倦的勤奋风格。

虽说约翰·布里敦的命运算不得十分悲惨，但如果把他的命运放在大多数人身上，也许他们早就在无情的生活中堕落了。约翰·布里敦之所以值得我们敬佩，就在于他的每一次成长、每一点收获都是从无情的命运之嘴中抢过来的，上天没有赐予他好的出身、好的家庭，却给了他一份“靠天靠地不如靠自己的”坚强意志，这足以让他受益一生。

应该说，包括我们自身在内的每一个正享受美好生活的人，其幸福都是从命运之嘴”里抢过来的，而不是依靠他人的施舍、帮助而获得的。

因此，或许此时处于苦难煎熬中的你，是想成为依赖他人的懦夫，还是做依靠自己的强者，想必心中已有答案了吧。

别看不起小事和杂事，做好它们才能做大事

与其好高骛远、自命清高，不如放下架子，从小事做起，循序渐进，为自己日后的成长打下坚实的基础，为谋求更大的发展机遇增添筹码。大胆地从点滴做起、从基础做起，这样，你的人生之路才会越走越宽、越走越顺畅。

回想一下我们所受的教育，尤其是幼年时代，是不是常有长辈灌输：要胸怀壮志，要做大事、成大气候……因此，在很多人的意识里，对于那些细微、琐碎、不显眼的小事，便不会予以重视。岂不知，不管是日常生活还是每个人所做的工作，无不是由一件件小事构成的。

古人也告诫我们：一屋不扫，何以扫天下？说的也是同样的道理。也许是因为我们目睹了太多的小事，也经历了太多的小事，所以往往感觉不到小事的存在，对它们已经变得习以为常。由于各种小事看上去都是那么毫不起眼，因此每个人都难免在有意无意间忽略了小事的力量和价值。

事实上，每一件大事都是由无数件小事组成的，换句话说，任何一件小事都会事关大局。如果在一件小事上失误，那么很可能就此为大事、为全局埋下失败的隐患。这样一来，势必带来不可想象的后果。

郭伟是苏州一家服装厂的业务员，有一次，他为单位订购一批牛皮，在合同中写道："每张大于5平方尺、有疤痕的不要。"令郭伟没想到的是，仅仅是一个"顿号"的差错，就给单位造成了巨大的损失。因为，上面合同中这句话应该写成

"每张大于5平方尺。有疤痕的不要"。

就因为这一个小小符号的差错，使得供货商钻了空子，发来的牛皮都是小于5平方尺的，郭伟他们公司只得哑巴吃黄连，有苦说不出。

还有一个类似的案例，我们一起来看一下。

英国曼彻斯特有一位商人给苏格兰的客户发电报报价："10万吨大豆，每吨500美金。价格高不高？要不要？"而苏格兰的那个商人原意是要说"不。太高"，可是他在电报里少写了一个句号，内容就变成了"不太高"。这样，对方就给他发货了，无奈之下，他也只好成交。

在现代社会中，类似的案例可以说举不胜举，而故事的起因无不是因为那一个个细小的瑕疵而导致的。

然而，在现实中，很多人往往对小事情不注意，认为要做就做大事。还有一些人觉得只要做自己的工作就够了，坚决拒绝"分外"的杂事。实际上，很多小事、杂事都可以拓宽你的人生之路，为你创造各种接近成功的机会。所以，不要看轻任何一项工作，不要把一点一滴的努力看成是小事，渐渐地你会发现，你的成功就是从小事开始的。

还有一些人因为事小而不愿去做，或抱有一种轻视的态度。

在一所中学开学的第一天，班主任就对学生们说："今天咱们只做一件事，每个人尽量把胳臂往前甩，然后再往后甩。"说着，他做了一遍示范。

"从今天开始，每天做300下，大家能做到吗？"学生们都笑了：这么简单的事，谁做不到？可是一年之后，当班主任再问的时候，全班却只有一个学生坚持了下来，这个人后来成了颇有名气的企业家。

"这么简单的事，谁做不到？"这正是许多人的心态。但是，请看看吧，所有的成功者，他们与我们都做着同样简单的小事，唯一的区别就是，他们从不认为他们所做的事是简单的小事。

其实，每一个人应付的事情，无不是由一件件小事所构成的：话务员每天不断地拨打和接听电话；部队里的士兵每天都要进行队列训练、战术操练等；财务工作者每天要做的就是整理报表、核算开支等小事；酒店里的服务员每天做的就是整理床铺、打扫房间等小事。

总之，每个人都在各自的岗位上做着一件件小事，而这些小事往往就决定了一个人处理事情时态度的优劣、能力的强弱。

所以，即使面对周而复始的小事情，我们也不要感到厌倦，不要觉得这些小事毫无意义而提不起精神。而要记住：这就是你应该承担的责任。

有一只钟表被组装好了，被钟表匠摆在了两个旧钟表中间。新的钟表听到两只旧钟正在“滴答”、“滴答”地一分一秒地向前走着，感到很好奇，于是问道：“你们一年摆多少次呢？”

其中一只旧钟骄傲地说：“我们一年能摆31536万次，我怕你走完这么多次，你这小体格会受不了。”

“我的天啊！31536万次？你们太伟大了，这么大的事情，恐怕我是做不到的。”新钟表有点儿沮丧地说。

另一只旧钟拍拍小钟的头说：“孩子，别听它胡说，不用担心，你只要每秒钟好好地摆一下就行了。”

“真的吗？只有这么简单吗？”新钟表将信将疑地说，“不管是不是真的，那我就努力试试吧。”

就这样，新钟表认真地一下一下地摆着，并且每秒钟都很“轻松”地摆一下，一年过去了，新钟表也摆完了31536万次，它在完成一件件小事之后，完成了一件看似不可能完成的大事。

可见，即使看上去，成功离我们很遥远，实现起来很费劲儿，但我们只要能够努力把眼下的一点一滴做好，那么成功并非是遥不可及的。

如果总想着做什么样的事才能成就伟大、怎样才能名利双收，那么就容易眼高手低，把眼下的小事情忽略。所以，如果你真的想成为一个“做成大事”的人，就要不放过任何一个小的细节。因为很多时候，成就大事的起点就在眼前的小事上。

挑战困难，让自己成为问题的“终结者”

> 要想有所成绩，要想受人尊敬，你应该用自己的意志力和责任感立即行动，而不是把问题推给别人,这样才能让自己尽快地成熟和成长起来。

我们大概都有这样的经历：问题一大堆，搞得自己甚至整个团队一个脑袋两个大，一时之间又不知道从何下手。

每当这个时候，有的人就会心生埋怨：为什么偏偏我这么倒霉，总遇到这么麻烦的问题？也有的人会琢磨：这件事在我的负责范围内吗？凭什么往我头上推？还有的人会考量：解决了问题，能有我什么好处吗?……诸如此类，不一而足。

实际上,这些想法都可以表明，这样的人是喜欢在问题面前把自己置身世外，喜欢推、靠、拖、等，在别人让他去解决问题时，他首先不是想方设法地去解决问题，而是首先问自己能得到什么回报，即使勉强接受，也总是心不甘、情不愿，要么在做的时候打折扣，要么让问题悬而未决。这样的人不仅耽误了团队的发展，而且影响了自己的前途。

三十多岁的李海是某报社的一名主编，他才华横溢、思维敏捷，却工作懒散、积极性不高，经常逃避责任，“我没有在规定的时间里把稿子做完，是因为同事让我帮忙做其他事情……”“我本来不想把稿子写成这样的，但是责编坚持要我这样写……”

有一次，报纸到了发稿时间，李海却依然慢条斯理，最终影响到了报纸的出报时间，损害了报社的声誉。当报社追究责任时，他竟然说这不是他的责任，而是下级胡斌的错误，企图让胡斌来承担损失。

接着，社长把胡斌叫到了办公室，问他怎么回事，胡斌说："这件事情的确是我们编辑部门的失职，虽然我只是编辑部门的一名小编辑，但我一定会弥补我们的损失的。"

第二天，李海被叫到了社长办公室。"李海，你要自己想办法弥补对报社造成的不良影响，另外，你明天不用来上班了。"社长神情严肃地说道。

"社长，为什么？"李海问。

"你作为主编，既然不能自己想办法弥补编辑部门对报社造成的损失，那么我只有另请高人了。我想提拔胡斌为主编，因为他是一个勇于承担责任的人，是值得信任的。"社长回答道。

这个故事给我们的最大启示是：任何一个老板都欣赏、重用勇于承担责任的员工，因为老板的信任建立于你的责任感上，如果工作一出现问题你就推卸责任，老板自然就会选择那些敢于承担责任的人，为他们创造更多的成功条件。

当工作中出现问题的时候，如果你勇于承担责任、肯从自己的身上找原因，及时改正错误，并在错误中能够汲取教训，那么错误就会变成一笔丰富经验、提高能力的宝贵财富，引领你登上事业的巅峰。

与其将自己的问题推给别人，不如大大方方地接受问题。聪明的领导不会处罚勇于承担责任的员工，相反，他们会更看重员工在出现问题时所体现的工作责任感。我们来看下面一个例子。

许政是某家具公司新招聘的开单员，尽管他对工作还不熟练，但他认真负责的工作态度赢得了部门新老员工的一致好评。一天，他一时疏忽，把一台价值3000元的衣柜以300元的价格卖给了一位顾客。

这家公司对员工的要求是很严格的，一旦出现错误就有被开除的危险。发现错误后，许政十分着急，一时间不知道该怎么办。有同事告诉他可以根据客户留下来的联系方式追回那2700元，也有同事劝他还是自己筹齐那差的2700元，然后悄无声息地入账，宁事息人。

许政认为，世上没有不透风的墙，如果老板日后知道这件事后一定会非常不高兴的。这混乱的局面都是因自己造成的，他必须负起这个责任，于是他毅然地说："我要到经理那里承认错误。"

同事们听了许政的话大吃一惊，异口同声地说："你疯了，那样你肯定会被经理辞退的。"但许政主意已定，仍然坚持自己的决定，自己亲自去老板那儿认错。

许政带着2700元来到经理的办公室，将事情的原委说了一遍："经理，对不起，我的疏忽给公司带来了损失，这2700元是我这几个月省吃俭用存下来的，希望可以弥补我给公司带来的损失。如果您要因为这件事开除我，我也没有任何怨言。"

老板看着许政，不解地问："虽然这是你的错，但是你完全可以自主去找顾客要回这2700元啊！"

"是的，经理，"许政说，"虽然我可以按照顾客留下的联系方式，找到顾客让他付这2700元，但是这件事情完全是我的错误，不是顾客的，我应对这个失误负全部的责任。"

听完许政的话，经理握住他的手，说："好样的，你能在做错事情的时候主动承认，不将责任推到别人的身上，这种勇气和决心很好。"他并没有像其他人所想的那样开除许政，相反，他更加器重许政，在以后的工作中给了许政更大的发展空间。

主动且诚恳地承认错误，说明你有一份敢于承担责任的勇气和信心，这不仅关乎一个人的工作态度，也关乎一个人的品质。把自己应该承担的责任承担起来、把责任感浸透在工作中的员工是很容易得到老板肯定的，就算他表面上批评、责骂了你一番，实际上心里已经原谅了你。

所以，即使做错了，也要勇于承认错误并努力改正，只有这样，才能得到领导的信任和器重，自己的职业生涯才会少一些磕绊，多一些坦途。

责任不是负担，而是潜能“催化剂”

责任不是别人给你强加的负担，而是你敢于挑战自己的积极选择。在工作中，不管事情的大小，唯有勇敢地承担起责任、充分地发挥自己的潜能，你才能够比其他人做得更加尽善尽美。

人的本性是回避风险、逃避责任。面对工作中的责任，不少员工出于逃避责任的本能，往往会感到强大的压力，心理上难以承受，以致在责任面前表现得手足无措、无所事事、固步自封。

殊不知，责任不是别人给你强加的负担，而是你敢于挑战自己的积极选择。因为内在的责任感可以转化为一种动力，唤醒你潜在的力量，激励你克难攻坚，始终保持乐观向上的精神状态。

科学家们做过这样一个试验：

在森林的一角，科学家们将母豹子和它的小豹子一起关在巨大的铁丝网里。试验一开始，科学家们先把母豹子放了出去，仍然囚禁着小豹子。此后一个月里，母豹子时常在铁丝网的外围徘徊，它越来越瘦，精神委顿、有气无力。

接下来下一步，按试验的原计划，应该把小豹子也放出去，然而有不少人开始主张不要放走小豹子，因为母豹子的状态看起来很不好，恐怕活不了几天了，小豹子交给它后肯定也活不了。但有一位科学家坚持放走小豹子，他认为小豹子恰恰是拯救母豹子的“天使”，于是小豹子被放到铁丝网外了，它跟着母亲走进了森林深处。

一段时间里，科学家们再也没有看到母豹子和小豹子，很多人以为它们已经一命呜呼了。正在大家失望之际，母豹子和小豹子出现了，人们发现小豹子长大了不少，毛色油亮，母豹子也恢复了健壮。

原来，母豹子一开始以为小豹子会被一直关在铁丝网里，自己活着没有动力。小豹子被放出来后，它承担起了哺育小豹子的责任，便一下子打起了精神，积极地捕猎食物，所以改善了健康。

这个试验告诉我们，活力来自于责任感，承担责任可以唤醒我们潜在的力量，不仅动物如此，人类也是如此。

每个人都有自己需要承担的责任，责任会带给你压力，同样也会成为你的动力。责任是潜能的“催化剂”，能够有效地激发你的潜能，从而运用其固有的能力完成原本认为不可能完成的任务。

在列车行驶过程中，一节车厢里传出一阵痛苦的呻吟,大家循声望去，一位年轻的孕妇出现了临产的征兆，痛苦使她的身体扭作一团，蜷在座位上。坐在她身边的丈夫很紧张，赶紧向列车长求救。

很快，在列车长的安排下，年轻的孕妇被抬进了用床单隔开的临时病房。丈夫焦急地告诉列车长，妻子以前难产过一次，孩子没保住。见情况危急，列车长迅速广播通知，紧急寻找妇产科医生。

这时，一位二十出头的姑娘害羞地站了起来，小声地对列车长说她是一名妇产科的实习医生，可是参加工作不到一个月，而且还从来没有接生过，对接生的认知仅仅局限于教材上那一点点。更糟糕的是，今天这个产妇又有难产经历，人命关天，她建议将产妇送往就近医院进行抢救。

列车离最近的一站也要行驶一个多小时，孕妇已经等不及到医院了。列车长郑重地对实习医生说:”你虽然只是一个实习生，但在这趟列车上，你就是医生、你就是专家，我们相信你。”

一瞬间，姑娘脸上掠过神圣无比的表情，她深深地吸了一口气，昂首挺胸、信心百倍地走向了临时病房。白酒、毛巾、热水、剪刀都准备好了，只等关键时刻的到来。

差不多半个小时后，婴儿的啼哭声宣告了母子平安，一直悬着心的乘客们热烈地鼓起掌来，“你从来没有接生过，你是怎么做到的啊?”有乘客问道。

“列车长说我是医生、是专家，给了我很大的压力。不过，也让我明白了，在这里，只有我能够完成接生这个任务，而且作为这里唯一一个学医的人，我应该担负起这份责任。”姑娘回答。

事例中，从来没有接生过、对接生的认知仅仅局限于教材的妇产科实习医生之所以能够独立自主地、顺利地完成接生工作，正是源于列车长“你是医生、你是专家”的压力和她对两个生命的责任。

的确，责任不是别人给你强加的负担，而是你敢于挑战自己的积极选择。无论是在工作还是生活中，不管事情的大小，唯有勇敢地承担起责任、充分地发挥自己的潜能，你才能够比其他人做得更加尽善尽美。

一位著名的成功企业家曾经遭遇到过一段事业低谷，当问及他如何“咸鱼大翻身”时，他如是说：“当我们的公司遭遇到前所未有的危机时，我突然不知道什么叫害怕，我知道必须依靠自己的智慧和勇气去战胜它，因为在我的身后还有那么多人，可能会因为我的胆怯从此倒下。所以，我决不能倒下，这是我的责任，我必须坚强、更坚强!”

因此，在面对各种责任时，不要再把它当做压力，要把它当做挑战自己的积极选择。勇敢地承担起责任、积蓄自己的力量，不断地将自身的潜力一点点地发掘出来，如此，你迟早会实现自己的理想和人生目标。

超越“不可能”，完成任务不打折

人生的精彩并不是你一天赚多少钱，也不是你得到了多少鲜花与掌声，当我们年老再回首的时候，最让我们难忘的是我们曾经是怎样勇敢地战胜了困难、帮公司闯过难关，而我们也同时战胜了自己。

西方有句名言：“思想决定命运。”不敢向有难度的工作挑战，就是对自己的潜能没有信心和自我限制，这种思想最终会让自己无限的潜能转化为乌有。

所以说，勇于向“不可能”挑战的精神、信心和勇气，是一个员工获得成功的根本基础，也是他事业成功的重要因素。

现实生活中，我们经常可以见到一些人常固执于某种行为或处世模式，同时又对结果不满意。“没有办法”、“不可能”成了他们为自己所设定的障碍所找到的“合理”解释。难道真的是“不可能”吗？

其实，所谓的极限多是自己给自己制造的藩篱而已，只要换一种思考方式，就会发现原来事情做起来可以这么简单。

很多事情你看起来很难、想起来更难，但当你真正开始做了之后，你会发现事情立刻变得简单了。成功通常不是由你的能力决定的，而是你的决心。成功是靠不断地做得来的，而不是想出来的。

有一个关于沙丁鱼的故事，其大概意思是这样的。

一个人将鱼缸中间放一片透明的玻璃，一边放上小鱼，另一边放上沙丁鱼。沙丁鱼看到小鱼，就冲过去吃，可每次都撞到玻璃上，很多次都这样，过了一段时间后，沙丁鱼再看见小鱼游也不冲过去吃了；又过了一段时间，把中间那片玻璃拿出去，小鱼和沙丁鱼完全混在一起，你会发现一个特别奇怪的现象：有好些小鱼就在沙丁鱼嘴边游，可沙丁鱼却没有任何要吃的动作。

衰莫大于心死，如果你认为不可能，那就真的不可能了。其实世界上没有一件事是"可能"的，也没有一件事是"不可能"的，千万不要自我设限，只要行动起来，即使失败100次，还是要坚持行动，否则就真的只有死路一条了。

我们在工作的过程中会遇到这样或者那样的困难，"聪明"人往往能够看到要完成这项工作的困难程度和可能性有多大，以及是否在自己的能力极限之内，如果他们估算到这项工作超出了自己的能力极限，他们就会选择逃避和退缩。

但还有一部分人好像没想那么多，他们总是毫无顾虑地迎难而上，付出自己最大的努力，甚至超过自己的极限去完成任务。

毫无疑问，敢于突破自己的能力极限、完成不可能的任务的员工恰恰是老板所喜欢的员工，他们总是能够为企业解决更多的困难，并创造辉煌的成绩。

1937年，麦当劳兄弟借钱办起第一家"汽车餐厅"，他们的服务模式很独特，定位的是服务到车、方便乘客的经营模式，也就是由餐厅服务员直接把三明治和饮料送到车上。

由于模式的新颖、服务的便捷，受到了人们的欢迎，生意做得非常好。与此同时，也给他们的经营带来了不小的竞争压力，因为他们的"汽车餐厅"很快就被人们纷纷效仿，一夜之间遍布大街小巷，这直接抢去了麦当劳兄弟的大部分生意，而导致他们的经营状况越来越糟糕，使他们陷入了前所未有的困境之中。

然而，麦当劳兄弟俩并没有退缩，而是想方设法重整旗鼓，他们摒弃了原来的经营理念，转而在"快"字上大做文章，以简单、实惠、快捷的全新经营理念吸引了千千万万的顾客，逐渐战胜了困难。

但是，他们并没有满足于现状，而是一直在向自己的能力极限发出挑战。他们敢想敢干，想出各种出奇制胜的办法，比如推出小纸盘、纸袋等一次性餐具，进行了厨房自动化和标准化的革命等。

正是由于麦当劳兄弟所具备的不断战胜困难和超越自我的决心和勇气，才使得他们把在一般人眼里已经很好或根本不可能的事一步步地做好，使麦当劳逐渐确立了快餐业的霸主地位。

美国著名钢铁大王卡耐基在描述他心目中的优秀员工时说："我们所急需的人才，不是那些有多么高贵的血统或者多么高学历的人，而是那些有着钢铁般的坚定意志、勇于向工作中的'不可能'挑战的人。"

面对人生，敢于挑战是一种激情，对现代职场人士而言，这是最宝贵的品质。对此，一位著名的职业经理人说："我觉得在这个社会上，人生的价值是什么？一定是人生的意义。你的意义在什么地方？每个人的价值观可能不一样，但是对于我来说，希望做不同的事情、挑战不同的事情，当我挑战一些东西，我就想去做一下，就是说你用心地观察这个世界，很多听上去仿佛离你很远，但是你仔细地看一下，就会发现很多东西会离你很近，这就是我希望我们的年轻人不断地挑战自我，需要来挑战自我。很多东西暂时不属于你没有关系，但是一旦你挑战了自我，我相信很多东西会离你很近。"

我们每一个人都应该好好思考上面的这些话，并且把这句话当成自己奋斗的目标，镌刻在自己的内心深处。

"如果不给自己设定限制，那么人生中就没有不能够跨越的藩篱。"这句话虽说算不上至理名言，但也不无道理。在这个张扬个性的时代，至少我们在心理上不能给自己设限。虽会有"害怕做不到的时刻"，但也不能因此不去做。轻装上阵、尽己所能、追求更好，这才是我们应该所抱持的正确心态。

任何的限制都是从自己的内心开始，在我们每个人的生命中都会面临许多害怕做不到的时刻，因为划地自限，使本来无限的潜能只化为了有限的成就。其实，在今天这个时代，人人都可能一鸣惊人，做出以往所不会想到的成就。人生的成败主要不是取决于素质与先天环境，而是受制于自己所持的态度。

如果你要成为一个解决问题的专家，就不能惧怕问题，不能为自己的职业生涯盖上一个“瓶盖”，而要相信自己，不断地挖掘自己的潜能，不要给自己设一个能力极限，勇于向不可能的任务挑战，有利于你不断打破内心的自我限制，充分发挥出自我潜能。

假如你想摆脱平庸的工作状态，成为职场上的佼佼者，那么你在困难和问题面前就应该敢于挑战自己的能力极限，摆脱内心的恐惧和不安，去完成不可能的任务。

超越自己，并非只是一句随口标榜的话，更不是一时的兴奋和冲动，它需要你从容地面对人生的磨砺、付出不懈的努力。雄鹰之所以能够搏击长空、翱翔蓝天，那是因为它从小就有超越自己的信念。

不要总想着“混口饭吃”就行

对于每个人来说，生命都是有限的，但生活却是可以被掌控的。每个人都有责任在自己有限的生命中尽可能多地探求更多的精彩，证明自己的价值，给家庭带来最安稳的保障。

生活中，有些人总是“浑浑噩噩”地过着日子，不知道自己该做什么，也不知道能做什么，于是就放弃了努力，让时间牵引自己生活的方向，不用去想，也不用考虑未来生活的样子。以“混口饭吃”的态度对待生活，自然也就不用奢望生活能给他们带来什么丰厚的回报。他们是没有上进心的人，暂且不说这样的人能否为家庭获取更多的生活保障，单纯从情感上来讲，和这样的人一起生活，也会令人感到乏味。

美好的生活需要不断地奋斗，尽管过程会很艰辛，但至少可以让生活充满期待。只想着“混口饭吃”的人，从不会树立更高的目标，没有目标的牵引，也就没有追逐，更没有过程中的满足与收获的幸福。他们的性格会影响整个生活的氛围，家庭之中，对现在与未来的看法，也许会同样呈现灰暗的色彩。

激情可以燃烧一个人的生命，它可以迸发出最为绚烂的光彩，也能书写出最为美好的回忆。你如果希望自己的生命拥有更多的力量，就要寻找到属于自己的事业寄托，展现出最为蓬勃的激情，创造出最为璀璨的成就。

弗兰克·贝特是世界最杰出的销售大师之一，他的童年充满磨难。在小时候，他的父亲去世了，为减轻母亲的负担，他没念完中学就辍学了。

18岁时，他成了一名职业棒球手，刚进入职业棒球界，贝特遭到了有生以来最大的一次打击——他被开除了，原因是他打球无精打采。他的老板这样对他说：“弗兰克，离开后，无论去哪，都要振作，不论生活经历什么，工作中都要有生气和热情。”这对弗兰克是一个重要的忠告，虽然代价惨重，但不算太迟。当弗兰克·贝特进入纽黑文队后，他决心要做一个有激情的球员。

从此，弗兰克·贝特在球场上就像一名充足了电力的勇士，掷球快速有力，几乎要震落接球同伴的手套。为了赢得至关重要的一分，弗兰克·贝特会在球场上竭尽全力奔跑。比赛结束后，第二天的报纸上这样刊登关于贝特的消息：“这个新手充满激情，并感染了我们的小伙子们，他们不但赢得了比赛，而且看来情绪比任何时候都要好！”报纸还给他起了个绰号，叫“锐气”，称弗兰克·贝特成了队里的“灵魂”，他的月薪也从25美元涨到185美元。

退出职业棒球队后，弗兰克·贝特尝试做保险推销。经过十个月令人沮丧的推销之后，弗兰克·贝特被卡耐基一语惊破。卡耐基这样对他说：“贝特，你毫无生气的语言又怎么能使大家对你感兴趣呢？”

贝特恍然大悟，决定用自己在纽黑文队打球的激情投入到工作中来。又是一次转变，弗兰克·贝特真正将激情融入到推销中，最终成为闻名世界的销售大师。

无精打采的生活只会让自己虚度时光，现实又是一面镜子，因为状态的不积极，又会影响到自己生活的内容，使工作不能够有效开展，甚至最终会失去工作的机会。弗兰克·贝特的经历就很好地说明了这点：当自己不能有效投入到工作之中时，工作的效果就会大打折扣，庆幸的是，他及时地认识到了这点。在现实中，这样的情形对于我们的工作可以形成很好的借鉴。

充满激情地工作、迸发出更多的活力、发挥出更多的潜能，往往会收获事业的成功，也能发现到自己的价值。而充满激情的工作经历对于个人来说也是收获良好成果的基础，当你以全部的精力投入工作之后，生活也会回报你最为丰厚的奖励。

每个人都应该比较这两种工作状态，并比较两种状态所产生的结果，最终慎重选择自己的态度。“积极地面对”是一种态度，“浑浑噩噩”也是一种态度，你可以自由选择，但最后，等待你的结果，永远只有一个。

从一个人对待工作的态度，可以看到未来生活的大致模样。积极的态度可以换回最好的结果，过程也许艰辛，也许充满挑战，但却充实又有意义；用消极的态度工作，过程也许“舒适”，但却会呈现生活的空洞，无所依靠、无所寄托。

张琪出生在农村，从小就有不服输的精神，学习非常刻苦，终于考上了北京一所名牌大学。张琪毕业后，进入了一家大企业工作，但是职位非常低。

一年过去了，张琪虽然表现出色，但业务水平并没有多大起色，薪水原地踏步。其实张琪发现公司在某些方面存在问题，正是这些问题影响了公司的发展，他很想给上司提出建议，但限于环境影响，朋友大多劝说他不要做出头鸟，于是刘琪最终放弃了这个想法。

在接下来的日子里，张琪依旧努力工作，倒也顺利。但过了不久，他发现和自己一起进公司的一位同事突然被破格提拔，他感到奇怪，后来才明白，原来那位同事向领导提出公司的问题和改进建议，而内容和自己所想的一模一样。本该属于自己机会却拱手让给了别人，张琪感到非常后悔。

没有一件伟大的事业是只想给“混口饭吃”的人或者“得过且过”的人的。在工作上有所作为的人，都需要对待工作有一心一意、意志坚定、不畏艰苦、充满热忱的激情。

一位想创作一幅名作的画家，如果他拿笔都心不在焉，画画时有气无力、东涂西抹，那么他的画怎么能够经久传世？一位想写一首名垂千古的好诗的诗人，需要他对生活有无限的热爱和情感的累积。一位哲人说，想把问题思考到最完美的境地，就非得有深邃的目光和充分的热诚。史达温斯基也许并不比其他的音乐人在天分上高出多少，他的成功只是源于他的一份专注，才让他的作品呈现不同于他们的平庸，这才使它对人们的生活产生了更广泛的影响。

对于普通人来说，不能都有这样令人骄傲的成绩，但学习并拥有这份态度，才可以为自己的生活带来更多的收获与满足。因此，不要只想着“混口饭”吃就行，转变自己消极怠日的观念、让自己变得积极向上起来，才能创造出精彩的人生。

多做一些，吃亏的决不会是自己

只有多比别人做一点儿，你才能获得更多成功的机会。而这也正符合“付出多少就得到多少”的因果法则。

有人说，人生就是一个寻梦的过程，不用问，这个“梦”自然离不开生活的精彩、工作和事业的成功以及名誉上的出人头地。可是，现实环境中，竞争如此激烈，我们又凭什么让自己圆梦呢？

看看我们周围，是不是有很多人会花费大量的时间和精力去寻求成功的捷径，却不肯多花点儿时间和精力“多做一些”？原因很简单，就是这些人不想吃亏，凡是付出必有收获才是其追求的真理。

殊不知，往往能够有所成就的人，其成功就在于比别人多做的那些。这是因为，多做一些，就会多收获一些。所以，你要想比别人优秀、要想离成功越来越近，就得抱着不怕吃亏的心态，坚持比别人多做一些。

高宝强是个20岁出头的小伙子，其貌不扬，还戴着厚厚的近视眼镜。去年春节刚过，他就从老家来到北京，进了一家快递公司做快递员。让人们大惑不解的是，高宝强和其他快递员很不同，他不像别人那样穿一身休闲装，而是穿着西装，系着领带，脚下穿着一双总是擦得很亮的皮鞋。

见到他的人都说，这个傻小子，穿皮鞋送快件，也不怕累。

但是高宝强不管这套，他依旧穿得“规规矩矩”的，即使夏天也会穿着白衬衫，系着领带去送快递。

对于每一份快件，高宝强都非常认真地对待，签收的时候，他会先确认签收人的身份，然后等着打开，看物品是否有误，然后再走。就因为每次他在这些事情上耽误了时间，所以送的快件会比同事们少一些，自然，赚的钱也少一些。

不过，因为高宝强的服务热情，而且总是西装革履，让人们记住了他，一旦有快件，就会不自觉地想到他。

今年“五一”放假的前一天，高宝强甚至腼腆地提着一袋草莓敲响一家客户的门：“我的第一份业务是在这里拿到的。为了感谢大家照顾我的工作，所以给大家送点儿水果，祝劳动节快乐。”

这袋草莓是在街边小摊上买的，个头都不是很大，但没有人说一句挑剔的话，反而都有些不好意思，工作那么多年，谁也没有收到过这种礼物。而高宝强只是一个吃辛苦饭的快递员，大家无意地让他接了几次活，实在谈不上谁照顾谁。半天，有人说道，这小子，笨得还挺有人情味儿的。

也许是因为他的草莓、他的人情味，再有快递信件和物品，这家公司整个办公室的人都会打电话找他，还顺带着把他推荐给了其他公司。

于是，高宝强更忙碌了，每天马不停蹄。但是，即使在很热的天气里，他也要穿着衬衣，大多是白色的，领口扣得很整齐，始终穿皮鞋，从来都不随意。一次，有人跟他开玩笑："你老穿得这么规矩，一点儿不像送快递的，倒像卖保险的。"

他认真地回答："卖保险的人都穿得那么认真，送快递的怎么就不能？刚培训时，领导就说，去见客户一定要衣衫整洁，这是对对方最起码的尊重，也是对我们职业的尊重。"

就这样，高宝强的快递生涯一干就是两年。这么简单的快递工作，他做得比别人都辛苦，可这样的辛苦，最后能得到什么呢？大家都不乐观，他却做得越来越信心百倍，没有丝毫抱怨。

直到有一天，那些熟客户看到来拿快件的人换了一个更年轻的男孩，打听之下才知道，高宝强已经成为主管了。

高宝强是如何把一份普通的快递工作做出价值来的呢？他只是比大多数快递员多用心一点点，多努力一点点，多一点点想法，而正是每天这多一点点，使他超前别人一大步，使他获得比别人更丰厚的回报。

故事中，高宝强的表现着实让人敬佩。然而，他的付出没有白费，最终为他换来的是丰厚的回报。

其实，每个人要想在一个群体中站稳脚跟，都要做到这一点，只有多比别人做一点儿，你才能获得更多成功的机会，而这也正符合"付出多少就得到多少"的因果法则。当然，很多时候，你的投入，并不能立竿见影地换来相应的回报，但你不必气馁，只要能一如既往地坚持多做一些，就像下面案例中的主人公曾联民一样，说不定就能完成人生的三级跳，摘得成功的桂冠。

刚进入这家公司时，曾联民只是个普通的职员，但不到五年的时间，他已经成为郑老板的左膀右臂，担任着分公司的执行总裁。

当说到自己的成功之道时，曾联民会平静地说："到这家公司之后，我发现每天下班后，所有人都离开办公室了，而郑总仍然待在办公室里继续工作。于是，我就决定下班后也不马上走，而是继续工作。尽管没有人要求我这样做，但我觉得我应该留下来，万一郑总有什么需要，我可以为他提供一些帮助。我注意到，郑总加班时经常找文件、打印材料，后来慢慢地，他就发现我在等待他的召唤，再后来，他就干脆直接召唤我，让我去帮他做这些事……”

为什么郑总会养成召唤曾联民的习惯呢？就是因为曾联民每天会主动留下来多做一些事情，并时刻准备着为老总服务。

这样一来，曾联民就获得了更多和老总接触并得到老总赏识的机会，再加上他的勤勉和努力，那么他成为不可替代的重要职员也就不是什么难事了。想必曾联民升迁的秘诀正是“多做一些”吧。

一个普通的职员能够在几年之内升到分公司执行总裁的位置，除了其较强的业务能力，更多的肯定是领导的信任，而这些正是“多做一些”的这种“吃亏”的行为换来的。

不仅曾联民如此，我们每个人其实都一样。这种多做一些实际上是增加我们个人附加价值的好机会，也是让我们迈向成功的坚实的基础。

俗话说“付出总有回报”，无数卓越人士的成功案例不就是一个最好的说明吗？因此，你要想成为人中翘楚，想要取得成功，不仅需要做好自己的本职工作，更要不怕吃亏，坚持比别人多做一些，早晚会有意想不到的收获等着你。

对于别人绕开的问题，你不妨主动去解决

如果你想获得更多的机会，那么就去做一个善于发现问题并解决问题的人，包括别人不去解决或望而却步解决不了的问题，这会助你走向更大的成功。

趋利避害是人的本性，谁都不愿意给自己找麻烦，可是总会有那么一少部分人，当遇到别人不愿意做的事情时，自己却主动承担起来。有人对于这种举动不屑一顾，甚至嗤之以鼻地说一句“狗拿耗子多管闲事”，或者冷嘲热讽地说“爱做出头鸟的人还真不少啊”等风凉话。

姑且不论对方主动承担的目的何在，单说这一举动本身就足以让人们尊敬了。我们要知道，困难就像是人的影子，在人一生的成长轨迹中，总会遇到一些困难、出现一些问题，但是做人首先要做一个勇敢的人，无论在生活中还是职场中，都要做一个“勇者不惧”的人，要学会在困难面前前行、在他人逃避或者拒绝的问题面前主动承担，这才是一个成功者应该具备的素质。

事实上，当我们主动、积极地去解决别人绕开的问题时，我们就会获得比别人更多的思考、锻炼和提高的机会，也才能有更大的进步，获得比别人更多的成功。

可是，生活中，并不是每个人都有一个好的心态、好的价值观念，这也就决定了有的人可以一步一步提升、平步青云，而有的人只能原地踏步甚至倒退，造成这两个结果的原因其实很简单，就是前进的人用的力更多一些，而后退的人更懒惰一些。用力的人更努力、更勇敢地前进，哪怕面对风雨，也没有停止前进的脚步，面对问题，他选择的是战胜；而懒惰的人就不一样了，他们一遇到难题

就逃开，害怕去面对难题、害怕付出，不愿努力，他们只是慵慵懒懒地等待着别人去解决问题、只是坐享其成或是在别人成功了以后泛出妒意的目光、或讽刺地说那是他们的幸运。这类去努力而只想要收获的人注定是不会取得成就的。

无论你是一个怎样性格的人，是天生就有很强的志向和抱负的人，还是比较安逸满足的人，作为一个人，无论在什么情况下，都应该去做一个内心拥有责任感、勇于承担的人，凡事多为他人、为集体着想，并且要做一个敢于担当、积极主动的人。当你面前出现问题时，你要做的就是去战胜它、克服它，要想自己走得更远，有更多的进步和提高，那么就要努力把握机会并善于发现机会，在有些人眼里，一个困难就是一个危机，而在另一些人眼里，困难就是一个机会。善于发现问题并解决问题的人总是会得到比其他人更多的机会，当然也会得到更多的收获。

通用电气公司董事长兼首席执行官杰克·韦尔奇有一句名言："要么奉献，要么滚蛋。"他的工作作风是："在其位，谋其政，不要找任何借口说自己不能够、办不到。"他自己如此，他也要求他的下属要这样做，不能因为干不好工作而找理由推脱责任、逃避问题。

一次，一个员工为了一件极难办的事找他，说自己尽力了，并说出许多客观理由，最后说无论怎样，这件事都"办不到"。杰克·韦尔奇知道这个下属就是怕得罪人、牺牲自己的利益，就在他犹豫要不要换其他人去做这件事时，一位很年轻的员工来找他，主动要求处理这件难办的差事，杰克·韦尔奇对这位员工的行为很是钦佩，因为这件事的确不是那么好办。杰克·韦尔奇把这个任务交给了这个年轻人，但是也暗暗为这个年轻人担心，但是杰克·韦尔奇还是鼓励了他："只要足够用心，任何困难都是可以解决的，相信你会做得很好!"

果然，这位年轻的员工并没有令杰克·韦尔奇失望，不仅把问题解决好了，为公司留住了一位大客户，还直接签回了一单大生意。杰克·韦尔奇很是高兴，从此，他再也没有忽视这个年轻人，而这个年轻人就是后来接替杰克·韦尔奇担任通用公司董事长兼首席执行官的杰夫·伊梅尔特。

一个人对待问题的态度可以直接反映他的敬业精神和道德品行，当然，也可以反映出他能成就怎样的事业。

如果你想获得更多的机会，那么就去做一个善于发现问题并解决问题的人，包括别人不去解决或望而却步解决不了的问题，你都要主动去解决，在这个解决的过程中，你获得了思想和经验、提高了技术和能力，并且锻炼了自己的心理素质；而在问题解决之后，你获得的除了直接的结果外，还会获得老板的赏识和同事的赞赏，而这会成为你事业上一种无形的推动力，助你走向更大的成功。

要有勇气认输，但不要被“输”打败

人生总有输赢，但没有人愿意认输。人们总觉得，向对手认输就意味着自己不如对方；向命运认输，就意味着自己要放弃自己坚持的目标与方向，是对个人的否定和生活目标的放弃，所以很多人“毅然”坚持自己的观点和认识，绝不做出任何妥协。

在生活中，有些时候我们不得不认输。如果对方的实力确实在自己之上，那这就是 “坚持”也改变不了的事实，“坦然”地接受之后，自身的情绪得以轻松。如果目标确实有不合于环境的情况出现，我们何不承认自己的不足？进行一番调整后，也许前方的路途才得以顺利延展。

输不起的人，会因为自己得不到认可而放弃，会因为自己的认识要发生改变而懊恼，因为他们在“面子”上过不去而逃避，所以他们不能放下，他们“挺”直了腰杆，不向命运认“输”。他们不认输，命运也不会向他们低头，而生活显然要比个人强大很多，所失去的只是自己更好的发展机会。

那些能够勇于认输的人可以暂时放下自己的荣誉，及时调整自己的方向，积累了必要的智慧经验，而他们的性格也变得更沉稳。一次失败的经历可以转变成为一种生活的历练。懂得认输并且不被“输”打败的人，会给人更多的安全感，因为这样的人有更多的承担，他们能舍弃一时的自我，他的性格更为成熟。

美国股票大王贺希哈有这样一句话为大家所熟知：“不要问我能赢多少，而要问我能输得起多少。”

在贺希哈17岁的时候，他就开始创业。但第一次赚钱的时候，也是他第一次获取教训的时候。当时，贺希哈的全部家当只有255美元，他在证券场外做了一名掮客，不到一年就发了财，赚取了16.8万美元。他为自己买了第一套像样的衣服，并在长岛买了一幢房子。第一次世界大战休战期到来，他用大减价的价格买下了隆雷卡瓦那钢铁公司，但却受骗，身上只剩下4000美元。

这一次，贺希哈得到了一个深刻的教训：“除非了解内情并有充分自信，否则绝不要去买大减价的东西。”

贺希哈并没有被失败打倒，而是在承认自己失败以后又开足马力继续干了起来。贺希哈放弃了证券的场外交易，去做当时未被列入证券交易所买卖的股票生意。开始时，贺希哈和别人合资经营，一年后，拥有了足够的资本，开设了自己独立的贺希哈证券公司。再后来，他成为那些股票掮客的经纪人，每个月的收入可以达到20万美元。

1936年是贺希哈最冒险，也是最赚钱的一年。在安大略湖的北方，早在“淘金潮”的年代，有一个叫道格拉斯·雷德的地质学家是贺希哈的朋友，他知道贺希哈是个思维敏捷的人，就把这件事告诉了贺希哈，贺希哈听了以后，拿出了2.5万美元做试采计划。不到几个月，黄金就挖到了距离原来的矿坑只有25英尺。这座金矿每年能够给贺希哈带来250万美元的净利润。

贺希哈能够成就大事，就在于他敢于承认自己的失败，将自己的心态放低之后积聚自己全部的力量，然后去跳跃足够的高度。人需要百折不挠的意志和面对困难的勇气，但奋斗的内涵并不仅仅是英雄的永不言败，还包括了修正目标、调校自己方位的内容。

在一条死胡同里走到底的人，恐怕只能成为末路英雄，死不认输的性格只会毁掉自己的前程。如果连自己的虚荣心都战胜不了，又怎么可能成为真正的强者？每个人都会经历困境，只有能够从中站起的人才是真正的英雄。

每个人都会经历失败，能学会站立才是在这个世界生存的最好法则。对于家庭而言，拥有丰富阅历的人，可以看到生活中更多的机遇，也会规避更多的风险；因为他们的大度与包容，也可以让一个家庭充满更多的温馨，在这样有担当的人的保护之下，一个家庭必然可以获得更多的幸福。

巴尔扎克曾梦想着做一个成功的商人，他开过印刷所，也做过其他生意，尽管他头脑灵活，总有许多不错的经营策略，但无奈执行力弱，并且时运多舛，因此屡屡受挫。

在如铁的事实面前，他只得服输，明白自己已经无法“东山再起”，最终只能放弃自己所坚持的目标，不得不拾起被自己冷落已久的笔，重操写作旧业。

如果不是巴尔扎克及时从商海中“回头是岸”，恐怕我们也就无缘得以目睹后来的文学巨著《人间喜剧》了。

有时候生活需要重新寻找方向。没有人天生就知道自己未来的方向，不可能拥有一个完美的计划来规划好所有未来的生活，人们总是在不断探求之中才能走出未来的道路。而一次失败的经历也许就是认识自己和调整自己的最好机会，如果巴尔扎克经商成功，也许我们就不会看到这样一个伟大的作家，更不会读到《人间喜剧》这本巨著了，这是巴尔扎克的命运，而对于自己的命运，恐怕只有在自己摸索与调整中才能渐渐清晰。

适时地认输是对自身实力的保存。美国一位拳王说过，任何一个拳手都不可能打败所有的对手，在恰当的回合认输，却可以使他赢得更多的胜利。及早认输，下次还有赢的机会，如果只是逞能，让对手把你打死，或是把你拖垮，最终自己连输的机会也都没有了。

甘当“孙行者”，在关键时刻要挺身而出

很多情况下，我们都不要抱着“事不关己，高高挂起”的心态，而应该尽自己一份力，亮出自己的本事，这样才能救他人于危困，也让自己受到别人的尊敬和赏识。

在四大名著之一的《西游记》中，给人们印象最深的莫过于那位降妖除魔的孙行者——悟空了。他骁勇善战、神通广大，所以每次妖怪来袭，都是他做先锋负责摆平妖怪，而沙僧从头到尾几乎就只干了一件事——挑行李，这也正是包括唐僧在内的人们都喜欢悟空，而常常将老实巴交的沙僧给忽略掉的原因所在。

其实，自古以来，人们总是对英雄崇敬有加，就是因为他们都是在关键时刻挺身而出的那个人，因为“关键”，所以就显得战功卓著。如果别人没想到的，你想到了，别人完成不了的，你完成了，尤其是在上司或老板火烧眉毛时，如果你能给他一个惊喜，想不被老板铭记于心都难。

常言道：“疾风知劲草，烈火炼真金。”关键时刻是最能体现你能力的时刻，即使你平日默默无闻，但如果能在关键时刻替老板解决难题，无论是上司、下属还是同事，都会对你刮目相看。

一天早晨，美国宾夕法尼亚州一座停车场的调车场线路因为偶发事故而陷于一片混乱中。普通电信技工卡耐基一大早来上班，发现车场如此混乱，急得如热锅上的蚂蚁，因为此时，他的上司还没有到来，没有经过上司的批准，他是不能

擅自处理问题的。可是车场的线路已经乱作了一团，如果再不及时处理，将会引发更大的麻烦。该怎么办？如果自己不顾规定，胆敢私自处理，很有可能等待他的结果就是卷铺盖走人，甚至还可能被判刑入狱。

其实，当时在场的电信工不止他一个，他完全可以对这个问题置之不理，等上司到来后再听令行事，何必自找麻烦呢？可是卡耐基并非平凡之辈，他没有选择做旁观者，而是大胆冒名顶替上司在文件上签了字，下达了处理命令。

当他的上司来到办公室时，问题已经得到了解决，就像从没有发生过一样。上司知道卡耐基的行为后，对他大加赞赏，并把他的此举报告给了公司总部。总裁知道后，立即把他调到了总公司，连升数级委以重任。从此，卡耐基的职业发展一路扶摇直上。

通过这个故事，卡耐基再次向我们证明了关键时刻露一手对职位的高升是多么有效。

很多时候，人们之所以不敢在关键时刻表现自己，并不是因为能力不足，而是出于一种担心或自卑，担心"枪打出头鸟"，或是没有足够的自信去挺身而出。

可是，你要明白"智者千虑，必有一失；愚者千虑，或有一得"，你的老板或上级再无敌，他们总归是人，也有疏漏弱势的时候，当你发现他们此时没法解决问题，恰好你能助上一臂之力的时候，就要鼓足勇气，大胆提出你的解决方案。

要知道，有可能你穷尽毕生精力也不会得到别人的赏识，而只要抓住了这次机会，就有可能让你自此一鸣惊人。

杨卓智是西安一家机械厂的普通技术员，一次，厂里的电机坏了，全厂陷入停电的局面，好几个技术员研究了半天，就是找不到毛病。负责安全生产的张厂长对秘书说："去请纺织厂的孙工程师吧。"秘书答应着，正要走出去的时候，杨卓智站出来了，他说："张厂长，要不我来试试吧。"

杨卓智是个典型的西北汉子，大个头、黑脸庞、两鬓络腮胡子，穿着沾满油污的藏蓝色工作服，怎么看也不像是个能解决问题的人，因此，许多人都不看好他，张厂长也有所怀疑地问道："你有多大把握？"

杨卓智很自信地回答说："请您给我两天时间，我保证修好。"

就这样，张厂长在别无他法的情况下，半信半疑地把这个任务交给了杨卓智。

杨卓智马上开始了工作。白天，他围着电机转悠，这儿看看，那儿敲敲，晚上，他就睡在电机房里。就这样，48 个小时很快过去了，人们见他还不拆电机，于是更加加重了对他的怀疑，有的同事还笑话他说，没有金刚钻就别揽瓷器活儿。

厂长也对他说："能修吗？不行就赶快撒手吧！"

可是杨卓智却笑着说："别急，今晚就知道结局了。"

当天晚上，杨卓智叫人搬来梯子，他爬到电机顶上，用铅笔在一处画了个圈，说："毛病就在这，线圈烧坏了！烧坏了 20 圈。"

听他这么说，技术工人们有点儿半信半疑，不过还是想看个究竟，就爬上电机顶看了看，一看果然如此，毛病找到了，电机很快就修好了，整个机械厂恢复了生产。

事后，张厂长问杨卓智为什么能找到毛病，杨卓智说："其实，我只是用我所掌握的专业知识去解决问题、找毛病，没有神奇的地方。"

通过这件事，张厂长感觉到杨卓智这个小伙子是个难得的人才，如果把他调到技术部门，一定会发挥他的才能，于是张厂长一纸令下，将杨卓智从原岗位升任为技术部顾问。

杨卓智的挺身而出为领导解了燃眉之急，而他自己也因此获得提升。应该说，当面临危难，能够挺身而出拯救团队的下属定会得到领导的重视及赏识。

所以，很多情况下，都不要抱着"事不关己，高高挂起"的心态，而应该尽自己一份力，亮出自己的本事，这样才能救他人于危困，也让自己受到别人的尊敬和赏识。既然如此，那么，当机会来临，但凡时机恰当，你还是果断出击，干脆利落地亮相吧。

及时清扫感情“垃圾”，逃避不能解决问题

婚姻中，矛盾并不可怕，可怕的是我们恐惧矛盾、逃避矛盾、向矛盾低头。只有学会及时清扫感情的“垃圾”，主动把自己的怨气说出来，或者引导对方把怨气说出来，才能找出原因，明白事情的原委，进而解决掉。

房间乱了，我们要及时整理；衣服脏了，我们要及时清洗。而我们的婚姻又何尝不需要如此呢？感情有了问题、出现了“垃圾”，总是一味地逃避不能解决问题，只有勇敢承担责任、及时化解，才能让生活更加甜美幸福。

在我们生活的周围，常常可以看到这样的现象：有的夫妇吵吵闹闹，却可以一辈子过得很幸福；相反，有的家庭从表面上看上去和谐完美，但不久之后却出人意料地走到了婚姻的边缘。这一切为什么会这样呢？其实，很简单，这就要看夫妻对待婚姻中的矛盾的态度。前者通过吵闹，将问题及时地化解掉了，而后者看似美满，实则掩藏了很多问题，等到积怨太多了，便没有挽回的余地了。

当然，我们并不是提倡夫妻之间需要争吵，而只是说明沟通的重要性，或者说及时解决矛盾和问题的重要性。

不可否认，几乎在每一桩婚姻中都存在矛盾，有的人认为婚姻关系中的矛盾会慢慢侵蚀夫妻间的纽带，因此不少人在面对矛盾时一味地消极忍耐、回避矛盾，认为这样就能使矛盾自动消除。殊不知，“垃圾”越堆越多，最终会把能忍则忍变成忍无可忍，伤及婚姻的本质。比如当丈夫在房间里抽烟时，你马上制止他，他就会有意识地不在房间抽烟。如果你担心禁止他抽烟会惹他不高兴而

选择忍气吞声，那么他意识不到你的不情愿，自然就会继续在房间抽烟，这又势必会导致你对他的不满，从而将这种不满迁怒到生活的各个方面。或者当妻子不喜欢整理家务，做丈夫的尽管看不惯，却没有及时指出来，或者只是劈头盖脸地指责几句，那么这样做都不利于妻子改正自己的习惯。

生活中，真正良好的感情、真正智慧的夫妻都会积极面对冲突，积极应对、处理各种矛盾，不让矛盾波及或者影响到婚姻生活的其他方面。

有一对夫妻，男人和女人都是再婚。不过，男人有孩子，而女人没有。

刚开始，他们的日子过得还很开心，甜蜜一如其他新婚夫妇。但一段时间过后，男人的前妻要去外地出差，男人没和女人商量，就将儿子接到了家中。当孩子在女人面前出现时，女人的脸上瞬间划过了一道阴影。

孩子今年六岁，虽然年纪很小，但却很有个性，非常排斥这个和爸爸住在一起的陌生阿姨。平时故意装出一副不合作的态度：吃饭时将饭菜掉得满桌子都是，小手脏了就直接抹到衣服上，还将卫生纸扯得满卫生间都是……时间久了，女人真的有些生气了，少了对孩子的了解和耐心，一次，她抬起手来，装作貌似打人的样子吓唬孩子，结果，男人看见了，他气急败坏地将她推到一旁，抱起孩子进了卧室，将门“砰”地关上。自此，男人便不离孩子左右，他每天都搂着儿子看“奥特曼”、“猫和老鼠”，陪儿子玩枪儿战游戏……孩子累了，男人仍是高兴地抱着他去睡觉，似乎把女人忘记了。

见此，女人伤心地准备离家出走。她坐在公园的木椅上，想起自己的婚姻，不免潸然泪下。这时，一对老人经过，与她攀谈起来，这对老人说他们结婚已经有52年了，之所以能够走到现在，就是因为婚姻一旦出现矛盾就积极准备解决，而不是逃避，因此从来没有隔夜仇。

豁然间，女人突然明白了，自己不应该逃避，而应当积极面对。最后，她以最快的速度跑回家里，男人和孩子正在看电视，不时地发出开怀的笑声，女人也依偎在男人的身旁跟他们一起看，一起笑。晚上，女人和男人认真地谈论了一番，诉说自己复杂的心情以及作为后母的尴尬。这个时候，男人一下子紧紧地抱住了女人……

诚然，积极的冲突有时的确是一种激烈的磨合方式和沟通方式，但如果放任问题和矛盾自由发展，只能让问题变得更加复杂。这个时候，不管是男人还是女人，都要勇敢承担起自己的责任、主动去面对问题和解决问题，及时解决掉那些隐藏着的感情危机。

道理其实很简单，就像电脑回收站里的垃圾一样，只有及时地删除，才能不影响内存的占用、不影响系统运行的速度与质量。而婚姻中的矛盾就像这些“垃圾”，只有勇敢面对并及时有效地进行处理，才能保证生活的正常运行，及时地补充新鲜的内容。婚姻是人生的一部分，要想维护好婚姻，就不要回避矛盾，及时化解才是最终的途径。

第5章

如果不是遭逢变故，人生不会因此不同

世事无绝对，我们所经历的任何事情、所遭受的任何磨难，实际上都有两面性，如果我们报之以绝望，那么我们看到的就真的会是绝望；如果我们报之以希望，那么我们就会感受到希望。因此，当我们面临人生的沟沟坎坎、感到悲伤绝望的时候，千万要将这一不良情绪掐灭在萌芽状态，而让希望之光将自己的前行之路照亮，帮自己找到“回家”的方向。

遭遇不幸别哭泣，低下头来找希望

虽然不幸难免，但只要我们在它面前挺直身体、静心前行，那么终会找到出路、看到希望。这时候，我们不会因为曾经的不幸而伤怀，而是将眼光盯在那片充满希望的旅途上。

在不幸面前，尤其是大一些的不幸面前，很多人会万念俱灰，终日以泪洗面，看不到未来、看不到希望。而有的人即使面对常人难以承受的痛苦和不幸，不但不会落寞伤怀，而且还会因为不幸的打击让自己更加顽强和坚韧，从而释放更大的能量战胜不幸，重新踏上实现梦想的旅程。

我们先来分享一个经典的小故事。

一天，一头驴子在农田里溜达，一不小心掉到一口枯井里头。

虽然这口井并不深，但它的口正好卡住了驴子，让它无法大幅动弹身体。不过，求生的欲望使驴子拼命挣扎。只是遗憾的是，这一切都无济于事，驴子只好在井里凄惨地叫着。

驴子长时间的丢失，让它的主人——农夫着急了。农夫千寻万找，终于在枯井里发现了驴子。

见状，农夫也万般无奈，他在井口边走来走去，急得团团转，不知道怎么才能救出驴子。

农夫只好找邻里们帮忙，大家先是用绳子拉，然后是用木棍抬，但折腾了大半天也无济于事，无奈之下，农夫打算放弃了，他想这头驴子年纪也大了，不值得自己大费周折去把它救出来，为了避免别的牲畜掉进去，还是将这口井给填埋了吧。

于是，大伙儿又开始挖土填井。然而，就在大家你一铁锹土、我一铁锹土地往井里填的时候，驴子仿佛意识到会有什么情况发生，于是它痛苦地哀嚎着。但是，不一会儿，驴子居然安静下来了，这让大伙儿很是不解。好长时间都没见驴子有动静，大家以为驴子八成是已经昏厥过去了。有好奇的人禁不住趴着井口看，这下不得了，眼前的情景让他惊讶不已。

原来，面对着上面如注的泥土，驴子下意识地抖动了身体，它低头一看，蓦然间看到了生还的希望。泥土不停地朝它身上倾泻，它则不停地抖动身体，把那原本要淹没自己的泥土踩到脚下，成为不断垫高身体的地基。

见此情景，农夫别提有多高兴了，于是他号召大伙儿加快了往井里填土的速度。就这样，没过多久，驴子竟把自己升到了井口，跟着农夫回家去了。

看了这个故事，我们不禁为这头驴子叫好，它是如此的机智、如此的幸运。我们是不是更该深入地考虑一下：我们的人生之路其实和驴子也没什么大的不同，我们同样会遭遇不幸，难免会陷入“枯井”中，但是，即便在这样的境况下，我们也不必万念俱灰，而应该静下心、低下头寻找出路、发现希望。

想想看，如若我们彻底绝望了，自然就会放弃努力，一旦掉入“枯井”，我们便无法脱身，只得被土一层层地填埋；相反，如果我们能够在不幸中看到希望、乐观豁达地面对一切，那么就有可能将掉落到身上的泥土转变为帮助我们脱离困境的垫脚石，这样，我们的心也就被这束希望的火光点亮了。

记得某位画家在其著作《希望井》里说的：“摔落深井，我开始大声地疾呼，等待救援……天黑了，我黯然低头，才猛然发现水面满是闪烁的星光。我在最深的绝望里遇见了最美丽的惊喜。”

的确如此，我们所遭受的任何境遇实际上都有两面性，如果我们报之以绝望，那么我们看到的就真的会是绝望；如果我们报之以希望，那么我们就会感受到希望。因此，当我们面临人生的沟沟坎坎，感到悲伤绝望的时候，千万要将这一不良情绪掐灭在萌芽状态，而让希望之光将自己的前行之路照亮，帮自己找到“回家”的方向。

和在职场中辛苦打拼的大多数人一样，乔乔也时常会遇到不开心的事，例如同事抢风头、上司刁难人、老板苛刻，等等，但不管什么时候，她展现在外的却始终是一种积极向上的精神风貌，从来不会因为工作中的不愉快而让自己的心情阴霾重重。

那么，到底是什么灵丹妙药让乔乔能够如此“真金不怕火炼”呢？乔乔的答案就是：用希望看待一切。

不久前，乔乔费尽百般努力做出来的一个策划案被上司否决了，而且因为着实不对上司的胃口，便一气之下把乔乔给辞退了。

面临着突然失去工作，遭受了如此的打击，换作一般人，估计会沮丧不已，一蹶不振了，但乔乔却没这样，睡了一觉，第二天一早，她就笑容满面地投入到找寻工作的努力中去了。

当好友问起她怎么做到的时候，乔乔回答道：“突然失去工作，对谁来讲都是一个不小的打击，我当然也不例外，其实当时的那一刻，我也是很迷茫的。但是，等我回家后，我看到像往常一样为我做好饭菜的丈夫和快乐嬉戏的女儿，那短暂的迷茫瞬间消失了。因为我还有他们，我还有希望。”

乔乔的乐观让人钦佩，其实这也是一种生活的智慧，因为在每个人的生命旅程中都不会只是阳光明媚，很多时候它都充满了灰暗的色彩。这时候，如果你低头，就会被这黑暗打垮，相反，如果你转变想法，把灰暗看做一种美丽的色彩来欣赏，那么它也就不那么“难看”了。更何况，透过黑暗，你便会发现阳光，其实，它一直在照耀着你。

所以，当面临不如意、身处重压下的时候，你不必垂头丧气，更不要轻易放弃，潇洒地转身，或许就能卸掉困顿中的种种沉重。只要能够让内心充满阳光，那么不管是失利还是得意，你都能找到前行路途的方向，一步一步向理想的彼岸靠近。

大器多晚成，那是上帝想给你更多的考验

谁都要遇到这样或者那样的挫折，有时候，挫折会接二连三向地我们走来的，但我们不能因为一时的挫折就放弃对成功的追求。就是因为难，所以才成就了杰出的人物。如果谁都惧怕挫折，在经历几次挫折后就放弃尝试，那么这个世界就会少很多成功的人。

一些小说或者电视剧时常为我们描绘这样的情节：某富豪，英俊、年轻，受到同性的羡慕、异性的倾心……

可是，这样的人毕竟是少之又少，更多的也只是在文艺作品中出现。现实中的大多数人真正“年轻有为”者虽不至于凤毛麟角，但更多的还是大器晚成。

在我们老祖宗留下的格言中，有这样一句老话：“谋事在人，成事在天。”的确，很多时候，即便我们尽了100%的努力，结果却不尽如人意。

当遭遇这种情况，多数人会感到委屈，觉得上天不公。岂不知，上天不会把所有的幸运全都赐予某个人，也不会把所有的不幸降临到某个人身上。既然如此，你何不试着把委屈这口不太好吃的饭咽下去，然后重整旗鼓，重新踏上寻找梦想的旅程？说不定，上天只是在一次又一次地考验你的耐力，也或许为了让你拥有更大的成就而摆出这些“乌龙”呢。

想必没有人不知道“肯德基”，但对于它的创办者桑德斯上校熟知的或许就比较少见了。作为备受世界年轻人喜爱的连锁店，桑德斯上校在生前可谓是风

光无限。但是，你或许并不知道，桑德斯上校在开创自己这项事业的时候已经是年逾花甲的65岁高龄的老者了。而在此之前，他不过是一个经历过无数次挫折、无数次拒绝的无名小辈。

桑德斯六十出头的时候，贫困潦倒的他只得向国会申请救济金以维持生活。可是救济金却只有可怜巴巴的105美元，这让他依然感到沮丧、窝囊。

为了摆脱贫困，桑德斯开始琢磨挣钱的方法。

一天，他忽然想到自己还有一门手艺：炸鸡。这门手艺是从自己的母亲那里学来的，而母亲的手艺却是家传的。于是，桑德斯想通过向饭店出售炸鸡秘方的方式来赚一些钱。但很快他又考虑到：即使把这份秘方卖掉也赚不了多少钱，可能连房租钱都赚不来。

同时，桑德斯又琢磨：这份秘方肯定能为饭店招揽来不少顾客，那么，我能不能让饭店按盈利情况给我抽取提成呢？

就当时的情况看，桑德斯还真是够大胆的，他说到做到，一家挨着一家地去敲饭店的门，对每一家饭店，他都说："我有一份非常好的炸鸡秘方，如果您能使用，生意一定会蒸蒸日上，而我希望从增加的营业额里抽提成。"

在当时的社会，人们哪里听过这样的方式？于是很多人都嘲笑桑德斯，不少人甚至当面奚落他说："老家伙，你还是安分点儿吧，你若是有那么好的秘方，你干嘛还穿着这么可笑的邋遢服装？"

这种话着实难听，但是桑德斯并没有因此而打退堂鼓，他觉得与其为前一家饭店的拒绝而懊恼，不如把所有的精力都集中在下一家餐馆，用更有效的方法努力地去说服对方。桑德斯坚信，只要自己不放弃，就一定能找到一家乐于用他的炸鸡秘方的饭店。

时光如梭，很快，两年的时间过去了，在这两年中，桑德斯上校驾着他那辆又旧又破的老爷车，足迹遍及了美国的每一个角落。苦心人，天不负，终于有一家饭店使用了那份秘方，并答应桑德斯上校抽取提成。后来有人做过统计，在桑德斯两年的找饭店的生涯中，他被拒绝的次数超过了1000次。

被拒绝1000次，这是多么让人惊讶的数字？想想我们，哪怕被他人拒绝一次、两次，脸上都会挂不住，心里也会承受不了，而桑德斯居然被拒绝了1000次之多，更关键的是，他居然成功了。

毫无疑问，任何一个人的成功都是有原因的，桑德斯上校之所以会成功，就是他有屡败屡战的决心，不能成功，他便绝不罢手。

跟桑德斯上校一样，不轻易对命运妥协的人还有美国第16任总统林肯。从失业到当选为美国总统，28年来，林肯遭遇了一次又一次的拒绝，但他始终没有放弃希望。

林肯少年丧母，从小就从事劳动，放过牛、种过地、和父亲一起拉过车。

林肯逐渐长大后，又做过很多普普通通的工作，他当过店工、邮递员、测量员。

在贫穷的出身和痛苦的生活面前，林肯不但没有退却、萎缩，而且能够顽强拼搏、勇于进取。

1832年，林肯失业了。由于失去了生活的保障，林肯感到很难过，但是他想起自己要当政治家的梦想，又重新振作起来。然而糟糕的是，他竞选州议员失败了。

接着，林肯着手开办企业，可是才几个月的工夫，企业又倒闭了。此后的十多年时间里，林肯只得为偿还企业所欠的债务而辛苦奔波，饱经磨难。

随后，林肯又参加了州议员的竞选，很幸运，这次他成功了。

可是命运似乎总要和他开玩笑，就在一切顺利进行的时候，他马上要结婚的未婚妻却不幸逝世。受到了如此巨大的打击，林肯患上了精神衰弱症。

1838年，林肯觉得自己的身体已经恢复，于是决定竞选州议会议长，可是落选了。时隔五年，他又竞选美国国会议员，仍然没有成功。

但是林肯还是没有放弃，1846年，他又一次参加竞选国会议员，这一次，他当选了。

之后，林肯又经过起起落落几番遭遇，最终到1861年，林肯终于当选为美国第16届总统。

可以说，林肯的成功主要取决于他面临困难不退缩的坚忍不拔的精神。林肯曾说过：“此路艰辛而泥泞，我一只脚滑了一下，另一只脚因而站不稳。但我缓口气，告诉自己，这不过是滑一跤，并不是死去而爬不起来。”的确，只要在任何困难面前都选择坚强，在跌倒无数次后还能重新爬起来，就能登上成功者的宝座，摘取胜利的桂冠。

显然，不管是桑德斯还是林肯，抑或其他大器晚成者，他们都像打不死的蟑螂一样，在经历一次又一次打击后继续自己的追求。在他们眼里，失败并非是绝望的代名词，而是一步又一步的新台阶，当踏过这些阶梯之后，他们便开启了另一扇门，这扇门上有一个光鲜亮丽的名字——成功。

只要无所“畏”，人生就没有真正的绝境

如果在冬天的时候就放弃，那么我们就会错过生命中春天的期待、夏天的斑斓、秋天的收获。因此，我们不要让一个季节的痛苦毁掉其他季节的快乐，不要让一时的挫折扼杀了对未来的希望。

西方一位思想家曾说：“如果你充满勇气前进，全世界都会为你让路。”换句话说，在无畏者的心中，人生没有真正的绝境。

在一本描写“二战”的相关书籍中，记载了这样一个故事。

第二次世界大战结束后，德国的土地上到处是一片废墟，一位叫波普诺的美

国社会学家带着几名随行人员到实地考察。到达德国后，他们看到有很多德国居民住在地下室里。

而后，波普诺就向随从人员问了一个问题："你们看，像这样的民族还能振兴起来吗?"

"这个恐怕很难说。"一名随从随口答道。

而波普诺却说："他们肯定能!"

看到波普诺如此坚定，随从人员不解地问："为什么呢?"

波普诺看了看他们，又问："你们到每一户人家的时候，看到他们桌上都放了什么?"

随从人员异口同声地说："一瓶鲜花。"

"那就对了！任何一个民族，纵使处在这样的境地还没有忘记摆放鲜花，还仍然怀有希望，就一定能在废墟上重建家园!"

的确，即使在残酷的战争之后的废墟上还愿意用鲜花来装点生活的人们，心里该是怀着多么美好的希望呀。

其实，这其中也寓意着，他们能够将废墟变成美丽的家园，因为他们心中从未绝望。

看到这里，你也许会问：这样说，我们岂不是要歌颂绝望吗？其实不然，真正需要歌颂的是面对困境时那份勇往直前的魄力和那颗全力以赴的心。如果没有这两样东西，那么即使一个小挫折也会成为绝境。相应地，如果有了这两样东西，那么再大的挫折也算不了什么。

现实生活中，很多人喜欢把某种不好的结果归结于命运的安排、上帝的造化，认为自己的失败是命中注定的。可往往越是这样想，就越容易失败。那么，我们应该怎么做呢？正确的做法是，不要依赖命运，而应该努力做命运的主宰，在那些看起来不可战胜的沟沟坎坎面前鼓起勇气、运用智慧，一点点地将其击败。

在一个寒冷的冬季的一天，海上狂风大作，在海风的威力下，一户渔民的渔船被打翻了，渔夫也被海风吹得患了重感冒。

一家四口人一下子失去了经济来源，债主恰恰又在此时找上门，原本日子就过得紧巴巴的渔夫一家一下子陷入了困境。

就在渔夫和他的妻子苦苦哀求债主再通融几天时，他们家年仅15岁的儿子一个人走出了家门。临出门前，他煮了一碗姜汤喝了下去。他去干什么呢？原来，他是去最熟悉的海边。来到海边，少年咬了咬牙，然后将身上的衣服脱掉，将两只鱼篓挑在肩上，整个人冲进了大海。

冰冷的海水、刺骨的寒风霎时间袭击着他单薄的身体，没有人知道这个少年的意图。但是，少年心中却清楚得很，他知道自己的家正陷在艰难中，父母也几近绝望，他想要捕很多的鱼，想要靠这些鱼让家里的情况好起来。

由于渔船和渔网都没有了，他就想出来一个新的捕鱼的办法。

果然，鱼儿们开始成群结队地向少年身边靠拢，有的钻进他的腋窝处，有的聚拢在他的腿弯里，还有的朝他呼气的嘴巴游过来。这位少年用腿部的力量游进海里，而他的两只手却不停地在水下忙乎着，居然轻而易举地便将一种名叫尖尖鱼的鱼装进了鱼篓。

原来，这些尖尖鱼有这样一个特性，每当寒潮来时，它们就会有很强的趋热性。这位少年正是运用了这一点，他凭借自己温热的身体作为诱饵，将大量的尖尖鱼吸引了过来，成为他的囊中之物。

可以说，这位少年不仅聪慧，而且还非常坚强。面对冰冷的海水，他没有犹豫，只为了心中那份可以让日子继续下去的信念。他付出了体力上的代价，将鱼捕回，同时也把自己深陷困境的家庭从绝望的边缘救了回来。

“时间顺流而下，生活逆水行舟。”这句人生的格言是在告诉我们：人生正如一只在大海逆行的小舟，一旦放松警惕，就可能被一个浪头打翻。但是，当风浪来袭，如果我们紧握船桨，勇往直前，那么就能够安然度过，重新迎来风平浪静的海面。

遭受他人攻击，强辩不如保持沉默

在我们生活的周围，难免有些时候，有些人喜欢指责别人，这时候，我们如果针对他人的攻击进行反驳，说不定会“越描越黑”，而且也不利于彼此之间的关系。正确的做法是，遭受攻击不去强辩，而是学会隐忍，当然，这可不是窝囊，而是以退为进。

奔波于忙碌的工作和生活，免不了要和周围的人们打交道。而在打交道的过程中，有和谐也有摩擦，甚至有时候还会遭受别人语言的攻击。

在面对他人攻击的时候，有人认为该以牙还牙地还回去，而有的人却能做到不去辩解，只是后退一步，以退为进。

到底哪一种做法对自己更有利呢？我们先来看一个案例。

汉武帝时期，有一名叫汲黯的大臣一向以刚直著称，他不管什么时候都敢于向皇帝进谏。当朝大臣中，还有一位名叫公孙弘的人，以有心计闻名。

一天，汲黯向汉武帝告了公孙弘一状，大肆指责他的行为，汉武帝听闻便质问公孙弘。以公孙弘的口舌之功，把自己解脱出来实在是小菜一碟，但是他并没有这样做，而是采取了以退为进的巧妙策略。

原来，由于公孙弘居于高位，拿着不菲的俸禄，而他和自己家人的生活却十分简朴，每顿饭只有一个荤菜，睡觉只盖一床粗布薄被。

对于公孙弘这种造作的样子，汲黯很是看不惯，于是就向汉武帝参了他一本，指责他位列三公，有相当可观的俸禄，却吃住如此寒酸，简直是明摆着骗人，想以这种所谓的简朴来换取清廉的美名而已。

听了汲黯的话，汉武帝问公孙弘："汲黯说的都是事实吗?"

公孙弘平静地回答："汲黯说的是事实。不过，每个人做事都有自己的原则和标准，就如晏婴为齐国之相时，一顿饭从不吃两种以上的肉菜，妻妾也从不穿丝织品；而管仲为齐国之相时，有三归之台，其奢侈豪华超出了一般国君。不过，不管怎么说，我身为三公而盖布被，实在是有损汉官威仪。汲黯对我的指责很对，他真是个大忠臣，如果不是汲黯忠心耿耿，陛下哪能听到对我的批评呢?"

这一席话，非但没让汉武帝觉得公孙弘矫情和做作，反而越发地认为他谦恭礼让，对他更加尊重了。几年之后，公孙弘被任命为宰相，并被封为平寿侯。

不得不说，公孙弘在遭受攻击的时候，展现出来的的确是大智慧。或许在一般人看来，面对汲黯的指责和汉武帝的询问，公孙弘一句也不为自己辩解，实在是有点儿破罐子破摔的意味，而事实上，这是一种极其睿智的应对策略。

因为聪明的公孙弘很清楚，汲黯对自己所采取的"使诈以沽名钓誉"的指责根本无法用事实去反驳，如果反驳的话，只能越描越黑。既然说不清楚，索性就不说好了。不过，他在汉武帝面前承认汲黯所说属实时，也为自己留了后路，就是借晏婴和管仲的对比来暗示每个人都有自己的一套做事原则。这样，不管皇帝怎么看，他都可以让自己脱离窘境。

公孙弘还有一大高明之处，他把汲黯对自己的指责赞为"忠心耿耿"，这样，既让汉武帝对他产生"谦恭礼让"的良好印象，又让汲黯知道后淡化与他之间的芥蒂。

看完公孙弘的故事，再看看我们自己的生活，其实我们难免也会受到他人的突然指责，尤其是工作当中直接"管辖"我们的顶头上司。当上司说出我们的不是时，我们首先要做的不是反驳，而是冷静下来，分析一下事情的来龙去脉。

假如是一些无伤大雅的小事，那么我们乖乖点头承认便是。如果是大的"罪名"，我们也不必闹得天翻地覆，同样要冷静下来，看看到底是不是自己的不是，错在哪里、怎么改正。一般情况下，上司是不会平白无故找下属麻烦的，既然上司指出来了，我们就是有某些做得欠妥的地方，所以我们还有反驳的理由吗？

在某金融公司工作的小王一向勤勤恳恳，可有一天，他却被经理气冲冲地叫进了办公室。不一会儿，和经理办公室一墙之隔的同事们就听到了经理办公室传来气急败坏的责骂声。同事们都为小王捏了一把汗，大家继续竖起耳朵听着。

几分钟过后，责骂声没有了，此时，小王的声音传了出来。同事们依然困惑，不知道小王“是死是活”。

令大家大吃一惊的是，不久后，小王面带微笑地从经理办公室走了出来，而经理却垂头丧气地跑到走廊吸烟区去抽烟了。

同事们小声地询问小王到底怎么回事，只见小王把声音压低，然后笑嘻嘻地说：“经理嫌我前段时间工作做得不好，我就点头承认呗。我就工作中所产生错误的每个细节部分都向经理道歉了，我是新人，哪能不犯错误啊。我还对经理说自己工作不认真、资历不够，没想到，我的‘自我检讨’还没做完，经理就不让我说了，叫我回来了。”

看得出，小王的经理原本是想训斥他一番的，但没想到，他还没怎么训斥，小王就自己检讨个不停了，这样一来，岂不是没他这个当领导的什么事了，也就没有必要再训斥了。

我们也会和小王一样，说不定什么时候会遭到上司的训斥，这个时候，我们不妨学学小王，主动承认错误，让上司无话可说。这种以退为进的做法不仅能够帮助我们免受上司的苛责，还能让我们取得进步，何乐而不为呢？

公平是自己给的，埋怨无济于事

世界上不存在绝对的公平，因为上天眷顾的只有少数人，而你恰恰是多数人中的一个。即便如此，我们也无须抱怨，抱怨不但无济于事，而且会让我们遭遇更多的困境。要想真正摆脱困境，我们只能自己为自己创造公平。

有句俗话叫“人比人，气死人”。的确，很多时候，我们难免作各种各样的比较，比如，有的人一生都身体健康，有的人却天生残疾；有的人生下来就含着“金钥匙”，享尽荣华富贵，有的人却生于穷困人家，一生过着贫苦的生活；有的人总是顺风顺水，什么时候都是一路“绿灯”，有的人却总是磕磕绊绊，做什么都处处碰壁。

面对这些不公，不少人会叫苦连天，觉得命运实在是捉弄人，怨恨自己没有好运气。岂不知，这样的想法和做法不但对自己改变局面没有好处，反而只会把自己推向一个又一个更为糟糕的境地。

不妨想想看，如果你大学毕业后找的工作在你看来是大材小用，于是你在这种埋怨和叫屈的状态里工作，能把工作做踏实吗？再进一步想，如果你做不好工作，那么还会有升职加薪、改变现状的机会吗？

不可否认，每一个在这个世界上生活着的人都渴盼公平，但是这个世界是不存在绝对的公平的，因为总是有极少数人能够得到上天的眷顾，而大多数人都只能落入平庸者的行列之中。

既然如此，我们又何必对那些所谓的不公平而念念不忘、耿耿于怀呢？与其如此，还不如把它看做命运对于我们的挑战，激励我们多战胜一些困难、多经历一些波折罢了。

当持有这样的心态，我们才会努力做好自己该做的事，长此以往，我们才会在大事到来的时候好好把握，这样，新的公平岂不就产生了？而这种公平正是我们自己给自己创造的。看看那些被人们仰慕的成功人士的履历，他们之所以能够成功，就是因为不管命运是否公平地对待他们，他们都能够自己给自己公平。

我们要认识到，在如今这个竞争激烈的社会，即使你才高八斗、学富五车，也不能一下子升任到企业高层，大多数人都得从基层做起，那么，要想让自己有一天坐上领导的高脚椅，就得通过自己的努力，一点点地缩小和别人的差距，并超越他人。也就是说，要靠自己改变不公的命运。

因此，不管你身处何种境况，都不要一味地埋怨生活不公，也不要奢望自己成为上帝的宠儿。暂且忍耐，不去愤慨，暗自努力，慢慢地，你就会发现不公平消失了，取而代之的是你的成功，是用你自己的努力换来的公平。

只有历经苦难的焚烧，才能百炼成钢

有的果实外涩内甜，而苦难就好比这样的水果，只尝一口，吃到的只能是苦涩，但是慢慢咀嚼下去，就会尝到里面的甘甜。既如此，我们就不要在刚品尝到苦的味道时就哀叹自己的日子过不下去了，只要把苦头吃尽，甘甜自然会来。

一想到苦难，年轻人的心头常会为之一阵：天哪！千万别让我深陷苦难之中啊！

谁都知道，经历苦难是件十分痛苦的事，但或许只有少数人才懂得，只有经历这种焚烧之苦，才能百炼成钢。

焚烧？太痛苦了吧！

没错，焚烧的确不易承受，但是如果不想让命运把自己抛弃，就得通过这样的过程让自己脱胎换骨。

享誉世界的现实主义艺术大师屠格涅夫曾经说过：“你想成为幸福的人吗？那么，请先学会吃苦。”显然，他所指的“苦”即是我们人生中的苦难和挫折，而“吃”就是要面对苦难和挫折。实际上，作为一个生命降临到这个世界上，每个人都是要吃苦的。从小，我们就从师长那里得到这样的训诫：吃得苦中苦，方为人上人。

古往今来，流传下来很多关于吃苦的故事，其中头悬梁和锥刺股就是颇具代表性的吃苦事例。

不管是头悬梁的孙敬还是锥刺骨的苏秦，他们小时候都是再平凡不过的孩子，但是他们有一点和别人不一样，那就是肯吃苦，而也正是这股子肯吃苦的精神和毅力，让他们的学识突飞猛进，早已令那些从小养尊处优而没有吃苦毅力的富家子弟们望其项背。此二人终成饱学之士，闻名于世，受到世人的敬仰。

人类如此，动物界亦然。或许我们人类总是认为自己的聪明程度高于动物，岂不知动物的一些生存智慧也是值得我们人类去学习的。

长颈鹿生下自己的孩子后，不会像其他动物那样立即舔净孩子身上的羊水或其他东西，而是低下头来仔细观察，弄清楚孩子掉落的位置。然后，长颈鹿妈妈会做出一件让人难以理解的动作，就是抬起腿来踢向孩子，让刚刚出生的小长颈鹿翻个跟头，仰面朝天。如果小长颈鹿不立刻站起来，它们的妈妈就会一直重复这个动作，直到它们站起来为止。

为了避免遭受妈妈的踢打，小长颈鹿们会努力地站起来，但由于刚刚离开母体那个温暖而熟悉的地方，它们的身体还很虚弱，对这个世界也很陌生，但它们的妈妈并没有因此而对它们宽容。

长颈鹿妈妈为何如此残忍呢？动物学家们的解释是，原因在于它们深爱自己的孩子，它们要让小长颈鹿品尝苦的滋味，只有这样，当处于危机四伏的荒野中，自己的孩子才能迅速摆脱困境，免受狮子、猎豹、土狼等食肉动物的侵袭。

事实上，长颈鹿妈妈的残酷行为恰恰是对孩子的保护，如果它们不“残忍”，它们的孩子就不能很快地站起来，如果站不起来，那么等待它们的就可能是灭顶之灾。

以上片段是《动物园观察》中的一段描绘，它旨在告诉人们：能吃苦才能享受甘甜，不能吃苦就会在苦难来临时消亡。动物界如此，自然界也是如此。

有两个在一座寺庙里的和尚受师父之命，去离寺庙较远的戈壁滩上植树。和尚甲对小树照料得很细心，不辞辛苦地定时定量给小树浇水、施肥；而和尚乙对待小树却大大咧咧，远没有和尚甲那么细心周到，他只是隔三岔五地去给小树浇水、施肥。

好在两棵小树都长得很好，郁郁葱葱、枝繁叶茂。

一天夜里，忽然刮起了大风，整个戈壁滩都被大风席卷了。第二天一早，风停了，再看两人栽的小树，居然有了明显的差别：和尚甲种的小树被大风连根拔起倒在地上，和尚乙栽的小树则依然挺拔地竖立在戈壁滩上，只是被风刮断了几根小树枝。

这个故事告诉我们，被照顾得细致入微的小树由于轻易就会得到水分和肥料，就不必费力地扎根到深处，而被照顾得“不够好”的小树，不得不努力把根扎牢、扎稳，去寻找足够的水分和肥料。

其实，苦难就好比一颗外苦而内甜的果实，刚刚品尝的时候，我们感受到的只有苦涩，而当慢慢咀嚼下去，我们就会感受到甘甜。因此，当我们遭受苦难，不要哀叹命运不公，不要自暴自弃，而要告诉自己，只要把苦头吃尽，那么甘甜自然会到来。

事实上，一个人只有能吃苦、肯吃苦，才能在社会竞争中占据优势。有这样一副对联：“有志者，事竟成，破釜沉舟，百二秦关终属楚；苦心人，天不负，卧薪尝胆，三千越甲可吞吴。”由此可见，当我们成长为一个能够不怕吃苦的人的时候，在我们面前就没有做不成的事，就没有过不去的坎儿。

不必对过去的苦难心有余悸

同样的经历，对智慧的人来讲就是经验、是教训，是迈向下一步的新台阶或垫脚石，对愚痴者来说，只不过是摧毁其生命意志的导火索罢了。

“一帆风顺”似乎只能在祝福语或者文艺作品中出现，而回归到现实，它则习惯性地和你玩“躲猫猫”的游戏，总让你找不到它。

这也可以说，我们的生命中总是难以一帆风顺的，相应地，倒是离不开这样或那样的苦难。

对于有的人来说，经历过的苦难是振作自己重新寻觅方向的力量，而对于有的人来说，则是令其心有余悸的“魔鬼”，每当提及或者想起来，就感到沉重无比。

著名剧作家萧伯纳这样说过：“对于害怕危险的人，这个世界上总是危险的。”对于曾经的困难始终无法忘怀、总是心有余悸的人来讲，再经历苦难是不堪设想的事情，因此他们也就容易畏缩不前，其生命本身也就越来越脆弱，以致最后步履维艰，难以向前迈进。

其实，那些曾经的苦难就像纸糊的老虎，表面上看起来吓人，实际上一捅就破，没什么真本事。过去的事情，不管是好是坏、是顺利还是坎坷，都不会再对我们的生活造成实质性的影响，很多人之所以受其影响，只不过是心理作怪罢了。

从这个角度来讲，那些对于曾经的苦难心有余悸，进而导致其对现在乃至将来的生活充满恐惧的人，其真正的敌人并不是苦难本身，而是其自身。

看到这里，如果你也感觉自己就是被“纸老虎”吓住的人群中的一位，那么请你多往好处想一想、多思考一些快乐的事，转移自己的注意力、给自己积极的心理暗示，对自己说未来会越来越好。当你的心态乐观了，那么周围的一切就真的会变得美好起来。不妨试一试。

管依然在一家物业公司上班，不管是面对同事还是业主，她总是一副乐呵呵的表情，从来看不到她唉声叹气的时候。

毛毛是和她一起共事的同事，她看到管姐总是这么开心，便有些好奇，忍不住问道：“管姐，你每天都乐呵呵的，是不是一出生就过得很顺利，从来没有遇到过委屈事呀?”

谁知，管依然微笑着回答说：“我从小就没有父母，是个孤儿，哪能没有委屈事呢。”

听到这里，毛毛惊讶地瞪大眼睛，张大了嘴巴。

只听管依然继续说：“我从小生活在孤儿院。六岁那年，我第一次被人领养，可是不到一个月就被送走，因为那对夫妇的女儿不喜欢我。从六岁到十岁，我被转送过三次，最后终于在一户没有子女的老夫妇家中安定下来。我的生活安定了，可是变得很没有安全感，很害怕又突然被送走。”

“还好，你安定下来了，不幸的日子结束了。”毛毛安慰她道。

“是的，我的生活安定了。”管依然仍然微笑着，眼睛里却涌现出一层薄雾，“可是，我却变得很没有安全感，害怕又一次被送走、害怕彻底被人遗弃。除此之外，我还害怕开车时撞车、害怕家里突然着火、害怕我的养父母突然死去，总之，每天都是紧张兮兮的。”

“怎么会这样？可是你现在这么乐观，你是怎么调整的?”毛毛更加好奇。

“这都是因为我的丈夫。”管依然眼睛亮了起来，“我的丈夫是我的大学同学，他是一个很理性、很乐观的人，他对我说，不要让过去的不幸和委屈影响现在的情绪，他还帮我分析，我所害怕的事情所发生的几率是非常小的。为了让我相信，他带我去爬一座很陡峭的山，我很害怕会突然摔下去，他就一直鼓励我慢慢往上爬，一定不会出事。最后，我果真顺利地爬到了山顶。诸如此类的事情还有很多，慢慢地，每发生一件事，我就会往好的那方面想。比如，我打不通我养父母的电话，我会认为他们是去外面玩去了，而不会再像以前那样，想象他们遇到了什么麻烦。”

“看来，你是完全从过去的不幸中走出来了?”

“差不多吧。我丈夫说得对，过去的不幸就是纸老虎，看着吓人，可是轻轻一捅就破了。人活一世，谁都会遇到点儿不幸，我不能让已经过去了的不幸影响我今后的生活。”

故事中，管依然的精神的确值得我们学习。管依然是幸运的，在丈夫的帮助下，她得以顺利地摆脱了曾经的苦难给自己的心理造成的影响，让自己过上了积极、快乐的日子。

每一个被过去的苦难和伤痛所牵绊的人，其实都可以像故事中的管依然这样用积极的、正面的心态取代消极的、负面的情绪。我们要清楚地知道，大多数负面情绪不过是对曾经的苦难而产生出来的想象，它就是一个“纸老虎”，用其凶悍的假象掩盖了一捅就破的实质。

心理专家告诉我们，要想迈过“纸老虎”这个坎儿，我们就必须舍弃心中那些毫无缘由的幻想，摆脱它们对我们情绪的侵扰，同时我们还要认识到，曾经的苦难虽然让人痛心，但对我们来说也并非毫无意义可言，正如一位哲人所言：“人生本短，痛苦使之长耳。”他是在告诉人们，人生本来是短暂的，但通过跟苦难作斗争，可以延长和拓展它的内涵和广度。换句话说，苦难让人生变得丰富。

因此，与其让痛苦成为我们心理上的负担，还不如正视它，让它拓展我们生命的深度，帮助我们体会人生百态，丰富我们的生命。

有时候，遗忘预示着新的希望

为了让自己有一份轻盈的心境，我们有必要学会遗忘。遗忘曾经他人给过自己伤害的目光，遗忘曾经愁肠百结的心绪，遗忘那些可怕的梦魇，让自己以轻松积极的心态投入到生活的怀抱，享受生活的多姿多彩。

在纷繁复杂的生活中、奔流不息的岁月河流里，很多东西都会被时间给带走，一同带走的还有我们对一些人、一些事的记忆。正是被带走了一些东西，我们的身心才变得更加轻盈，从而潇洒地继续走着新的人生之路。

试想，如果我们总是纠结在曾经的过往里，任由时间的车轮一点点地划过，那么留下来的是不是只有忧愁与痛苦？而一旦我们学会了遗忘，遗忘那些阻碍我们前行的牵绊，我们就能够重新怀抱希望，感知生命中的欢乐和幸福。

说到底，遗忘其实就是帮我们驱逐烦恼的最简单的方式。比如遗忘一场不愉快的争吵、遗忘一次不经意的邂逅、遗忘一段尴尬的情感波折、遗忘一种无法挽留的美丽……只有将过去遗忘，才能以清澈的内心容纳更多，这其中，当然包含着有个叫做“希望”的东西。

夜深了，可是雨莲却毫无困意，她的内心在隐隐作痛。原来，她在这个异乡的夜晚彻夜难眠地思念着那个并不爱自己的男人。

思绪总是如难驯的野马，在暗夜时分不受控制地带着她回到过去的往事中。

回忆中，那些幸福的、甜蜜的、悲伤的、痛苦的记忆会像火一样炙烤着她的心灵，痛楚就这样成了她不能入睡的根源。

生活到底需要怎样的一种开始呢？当雨莲在异乡的城市孤身一人，当她凌晨时分行走在那些空旷美丽的街道，生活就已开始，只是虔诚渴望过出现的他，早已不明去向。

她颤抖着双手，努力按下那个在心里默念了千百次的号码，听着手机里重复的语音提示“您好，您所拨打的电话已关机”。

这似乎是雨莲早已料到的结果，只是她还存在着某种幻想罢了。当电话里传来的这句意味着“再见”的含义的声音，她的心竟平静得如同静止的湖水，再也泛不起涟漪。她还是禁不住回忆起曾经的那个诺言，那个人曾在黑暗中抱着她说：“我会让你幸福。”如今，1000个日夜过去，花前月下的海誓山盟却成了一道伤疤停留在时间里。当初那个许诺过要给自己幸福的男人已如昔日黄花，零落成尘。

痛定思痛，雨莲告诉自己，遗忘吧，既然人生就是要学着不断受伤与成长，既然过去的往事再也无处寻觅，既然他已然忘却过去，不再眷恋，就只能自己慢慢学着淡忘。淡忘那些苦涩的记忆，才可以让自己从痛苦中解脱出来；遗忘美好，才能使自己不只是一味地活在过去，而是能重新睁开双眼，发现身边美好的风景。

可以说，作为有着丰富感情与智慧的人们，无不渴望那个圆满的情感，让自己在这份甜美与幸福中享受生活的阳光和雨露。可是造化弄人，很多时候，人生并不能如我们所愿，它常常喜欢和我们开个或大或小的玩笑，让我们受伤。尽管如此，我们如果懂得了遗忘，就依然能够重新孕育希望。就像主人公雨莲那样，淡忘掉那些曾经苦涩的记忆，让自己从痛苦中解脱出来。只有这样，才会让自己轻装上阵，不致错过身边的美丽风景。

可以说，遗忘是一阵偶然吹来的微风，它能够安抚受伤的灵魂，释放无谓的压抑，让狂躁的心跳回复为趋于平静的涟漪。其实，每一条走过来的路都有它不得不跋涉的理由，每一次即将踏上的旅程也有它不得不选择的方向。沉湎于旧日的失意是脆弱的，迷失在痛苦的记忆里是可悲的。无法忘却过去的人，常常连今天也会失去。

学会遗忘，实际上是另一种方式的振作、坚强、成熟甚至超脱，更是一种只有强者才有的对生命苦难的傲视和嘲讽。当然，遗忘并非只是将记忆简单地抹杀掉，更不是消极地忘却过去，而是把往昔的情愫埋在心底，让沉积的激情深嵌脑海中。

过去已经过去了，好的抑或不好的已经统统过去了，它们就像人生路上的一道道风景，可是，人的一生却需要不断地向前，我们不能总是看着老照片而忽略身边的好景致。生命是短暂的，不管选择什么样的路，都需要不断地向前，所以，勇敢地向过去说再见，珍惜并把握住现在，才会不枉此行。

学会遗忘，用时间愈合刻骨的伤痛

> 时间是治愈一切伤痛的良药，只要你学会遗忘、善于遗忘，伤痛或许不会彻底消失，但时间这个越来越厚的“砂纸”会把它逐渐打磨得平整。

对于每个人来说，说不定什么时候就会遭遇生活显露出来的狰狞的面孔，为我们带来不幸、带来意外。随便翻翻网页、刷刷微博，我们都不难看到很多类似的消息：年幼的孩子被坏人拐走、活泼开朗的孩子因暴力而致死、意气风发的年轻人一失足而锒铛入狱、年富力强的中年人突然被病魔夺去生命……

悲剧总是不停地上演，而饱尝这些悲剧之苦的莫过于当事者的亲人。其中，有一些亲人在遭受如此之大的悲痛之后便无法再回到原来的状态里，因为往事对他们来说是一场永远无法忘却的梦魇，时不时会跳出来敲击他们的心田，让他们痛不欲生。

在鲁迅先生的小说《祝福》中，主人公祥林嫂就是一个无法接受亲人离开而导致自己崩溃的代表人物。

由于祥林嫂安分耐劳、做事勤快，成为了鲁四老爷家的正式女工。

但这样的日子没过多久，已是寡妇的她被恶婆婆强行叫回去，把她嫁给了一个山里人。

后来，祥林嫂有了孩子，她的生活也跟着平静下来。但是这样的日子没过多久，她的第二任丈夫就丧命了，而她的孩子接着也惨遭恶狼吞噬。

一个又一个沉重的打击彻底击垮了祥林嫂的意志。虽然为了生计，祥林嫂又重新回到鲁四老爷家干活，但现在的她已今非昔比，不再勤快和灵活，记性也变得差了，脸上更是见不到笑容。她还养成了一个习惯，就是见人就讲她儿子的死和自己的悲惨境遇。

时间一长，人们都开始讨厌祥林嫂。后来，她的精神越来越差，还听信迷信，最后被迫沦为乞丐。故事的结尾是，祥林嫂在别人家都忙着新年祝福的时候，被穷困夺去了生命。

我们知道，鲁迅先生所写的这篇小说旨在抨击封建礼教，我们姑且不提当时的大环境，单就祥林嫂本人来说，她的命运的确悲惨至极，而她最终命运的惨痛结局实际上和她一直走不出曾经的过往是不无关系的。当然，祥林嫂的遭遇的确是极其悲惨的，哪怕换成别人，也未必能够活得比她好，但是，不管是谁，如果无法从原来的悲剧中走出来，那么到头来只能让自己迎来更大的悲剧。

当然，并不是所有经历亲人遭受厄运的人都会被这遭遇牵绊住，总有一小部分坚强的人能够重新给自己力量，让自己坚强地站起来，走出那段悲伤的时光。

在这一小部分人看来，既然自己已经遭受了不幸、那么注定是无法挽回的，因为时光不会倒流，一切不会重新来过，与其让自己沉溺于痛苦之中无法自拔，还不如尝试着走出来，让时间慢慢地帮自己愈合苦难带来的伤痛。

在某事业单位做部门主任的田静，因为为人和蔼可亲、做事有条有理，深受同事们的喜爱和敬佩。但是，一年前的一次悲剧彻底改变了这一切，田静像变了个人似的，同事们都不敢靠近她，生怕被她冰冷的面孔和暴躁的脾气给吓倒。

原来，去年的一天，田静年仅十岁的女儿因一场交通意外而失去了生命，事出之后，田静整天失魂落魄的，觉得人生走到了绝境，她不知道未来的路还怎么走下去。

心情缓解了两个多月，田静不得不去上班。可这次回来，尽管同事们都小心翼翼，但还是免不了忍受她暴虐的脾气和没有来由的批评。

对此，她的上司杨处长很是看不过去，于是就在一个周末的下午去了田静的家里。

田静从杨处长口中得知，原来他也是从苦难中熬过来的人。

原来，杨处长年轻的时候曾经有过一个活泼可爱的儿子，但由于先天疾病，这个孩子没活过两岁就离开了这个世界。

他的妻子由于伤心难过，身体被搞垮了，此后丧失了生育能力，他们后来才到孤儿院收养了一个孩子。

田静听了，在为自己伤心的同时，也为杨处长感到悲痛。她以前从没听过杨处长的这一段不幸，疑惑地问杨处长："那段日子多难熬啊，您是怎么走过来的呢？我怎么觉得自己会永远走不过这道坎儿？"

杨处长深吸一口烟，缓缓地说道："就是学着遗忘，勇敢接受时间的治愈。"田静静静地听着，她瞥见杨处长眼梢带着的一抹坚毅。只听杨处长继续说道，"我没日没夜地忙工作的事情，忙得心烦了，就拼命读书，读不下去，就找人下棋，要么就找同事聊天，总之就是想尽一切办法遗忘之前的事情。后来，我就真的有些淡忘了，虽然偶尔想起了还是会难过，但已经不像刚开始时那么撕心裂肺了。"田静听完杨处长的话，眼里又噙满了泪水，不但为自己，也为这位年过五旬的老处长。

最后，杨处长对田静说道：“没有什么是过不去的，谁都有可能遭受不幸，或许我们遭受的比别人多一点儿，但不管怎样，都没必要一味地放任自己的情绪，这样是无法从过去的苦难中走出来的。”

通过这次和杨处长的谈话，田静似乎明白了很多。渐渐地，她开始学着当初杨处长的样子不停地让自己忙碌起来，面对同事和家人时，也试着多展露一些笑容给他们。几个月后，田静再次怀孕，她已经全心期待着这个小生命的降临了。

看完这个故事，我们在替田静感到哀伤的同时，似乎也替她感到庆幸，因为她终于从巨大的悲痛中走了出来，将痛苦甩在了身后。

我们或许也会经历类似这样或者那样的痛苦，当我们身陷昔日的痛苦而无法自拔的时候，不妨学学故事中的田静和杨处长，学会遗忘，试着接受新的事物，让自己从伤痛的折磨中摆脱出来。

要知道，对曾经苦难的不忘却就是对现在生活的破坏，将无法使我们品尝到真正的幸福。因此，为了感受明天灿烂的阳光，为了创造未来生活的幸福，我们就让自己学会忘记无法挽回的伤痛吧，让它们随着时间一起流逝，走出我们的脑海……

强大自我，把辱没当成一种力量

> 在受到他人质疑、尊严被人践踏的时候，不要灰心丧气，我们只需把它当做一种特殊的促进我们前进的力量就好。带着它，我们才能不断奋发向上。

我们总希望自己活得风风光光，能够受人尊敬、得人爱戴。可是，谁都说不准什么时候会遭受来自他人的不尊敬甚至辱没，面对这些，我们的心情肯定是很不爽的，有的人甚至会伺机报复。可是你想过没有，什么才是最好的“报复”?

假如用同样恶劣的话语来辱没对方，那么只会增加彼此的仇恨，对自己而言，虽然当时出了口气，可事后想来还是郁闷不已。如果换一种想法和做法呢?比如，我们暂且不去理会他人的辱没，而是把这种辱没当做促使自己前进的力量。当我们用出色来证明给曾经辱没自己的人看时，是不是才算漂亮的“回击”呢?

要想证明自己不是弱者，就把别人的不尊敬当成一种促使自己进步的力量吧，这样，你才会收获期待中的尊严。

马丁·库帕从学校毕业了，可是工作找得一点儿都不顺利。他爱好无线电，可学的不是这个专业，很多公司都因为兴趣和专业不相投而将他拒之门外。

实在没办法了，他决定最后一搏，彻底放下自己的专业，完全根据自己的爱好来寻找工作。

于是，他来到资深无线电从业人士哈维的公司面试。库帕想过，如果自己能进入这家公司，那么就会学到很多无线电方面的知识，而且能够摆脱眼前生活的困境。

库帕怀着激动而忐忑的心情敲开了哈维办公室的门，当时，哈维正在研究无线电话，也就是现在我们都熟知的手机。库帕恭敬地对哈维说："尊敬的哈维先生，我是个无线电'发烧友'，很希望能够成为您公司的一员，您看能否留下我，让我为贵公司效力？我想我一定……"

库帕还没把话说完，就被哈维生硬地打断了，他用很不屑的眼神看着库帕，冷冷地说道："请问你毕业多久了？从事无线电又有多长时间？"

库帕很诚实地说道："前不久，我刚刚走出校门，我很喜欢无线电，决定一辈子以此为生，不过，我之前没有从事过这方面的工作……"

这一次，哈维又生硬地打断了库帕，他说："我不觉得你可以帮到我什么，所以请你不要再耽误我的时间了，请回吧！"

听哈维这么说，库帕很是懊丧，可他还想再试一试，因为他太需要这份工作了。可是，他刚一开口，就又被哈维毫不留情地再次下了逐客令，库帕只好说了声"再见"。

几年的时间过去了，1973年的一天，一个年轻人正用一个超大的无线电话说着什么，他就是当年被哈维拒绝了多次的马丁·库帕——手机的发明者、美国摩托罗拉公司的工程研究人员，当时，和他通话的正是哈维先生。

在一次采访中，有记者问库帕："如果当初您被哈维雇用，一定会协助他完成手机的研制，而这一成就和荣誉就会变成哈维的，对不对？"

库帕却微笑着摇了摇头，回答道："不，如果当时哈维先生雇用了我，我就会成为他的助手，也许我永远也研制不出手机来。正因为他拒绝了我，断了我向他学习的念头，我才下定决心找出一条研制手机的道路，很庆幸，我找到了，那条道路的名字就叫辱没，我将哈维对我的辱没化作促使我前进的前所未有的动力，这动力让我成功了。"

或许真的如马丁·库帕所说，如果没有哈维的辱没，或许就不会有他后来的成就。库帕是倔强而坚强的，他没有因别人的轻视而自惭形秽，也没有因别人不给自己机会而落魄潦倒，他的坚强和努力最终让曾经辱没他的人看到了他的强大。

其实，任何一个能够在他人的辱没中艰难前行的人，都是不容易被打败的，他们能够源源不断地为自己带来前进的动力，最大化地创造生命的价值。

我们再来看看美国NBA超级球星奥尼尔的故事。

在奥尼尔还是一名中学生的时候，就对马刺队的中锋李浩·罗宾逊非常崇拜，他把李浩·罗宾逊视为自己的偶像，每当有机会观看李浩·罗宾逊参加的比赛，奥尼尔都会兴奋好一阵。

一天，他有幸观看了李浩·罗宾逊所在球队的一场比赛，看完后，奥尼尔不顾天气寒冷，在球场门口等了好几个小时，为的就是得到李浩·罗宾逊的个人签名。

李浩·罗宾逊终于出现了，奥尼尔兴冲冲地跑过去，举着纸笔请李浩·罗宾逊签名，可李浩·罗宾逊都没有正眼瞧他，随即离开了。

没有得到偶像的签名，还遭受了这样的对待，奥尼尔心中愤愤不平，他把纸笔往地上一摔，嘴里嘟哝着："有什么了不起，我将来一定要超过你，等着瞧!"

奥尼尔的话在五年后就应验了，当时，NBA赛场上出现了一个被人们称为"大鲨鱼"的超级中锋，他就是奥尼尔。

叱咤赛场的奥尼尔对于每一个厉害的对手都不会畏惧，而且专门打那些厉害的角色，尤其碰到李浩·罗宾逊，他就更是拼命，经常把李浩·罗宾逊打得丢盔卸甲。

此时的奥尼尔，终于扬眉吐气了。

在遭受偶像不尊重的情况下，奥尼尔立志要超过对方，而且他也用行动证明了自己的信念。想想我们，也难免会受到来自他人的辱没，如果我们也像奥尼尔这样将这种辱没转换成促使自己前进的动力，那么有朝一日，我们也会如此扬眉吐气。

豁达地面对那些“忘恩负义”的人

不是所有的人都懂得知恩图报，世界上总有一些忘恩负义之辈。如果我们不幸遇到这样的人，不要痛恨、不要悲伤，试着让自己心胸豁达起来，这样我们才能忘却不快，迎接美好。

人生的遭遇真是千奇百怪，哪怕我们甘心情愿做个好人，对他人施舍以恩惠，可到头来却遭受对方忘恩负义，让我们烦不胜烦。

可是，这种事在现实生活中却并不鲜见，有很多你送人家一个蜜糖，人家还你一枚毒药的事发生，实在令人无比委屈又嘘唏不已。为此，我们遗憾、我们懊悔，我们痛恨自己曾经的做法。可是，谁也没有火眼金睛呀，要是像孙悟空那样一眼就把人看“透”，不就不会遭受这些背信弃义的窝心事了吗。

尽管这样，我们还得继续走自己的路，并且还得按照自己的原则来走路。当遭人背信弃义，就算是委屈，就算是不愤，又能如何呢？与其如此，不如看开一些、豁达一点，这样，反而会让自己早一点儿从那种纠结中走出来，反正遭受这样痛苦的不止自己一个，别人不也常遇到背信弃义的人吗。毕竟社会复杂多变，人心深不可测，我们每个人都有可能成为被辜负的那一个。

有这样一个故事，一开始读它的时候，人们都会有些心酸，而到最后，却会有种豁然开朗之感。

刘玉华很不幸，40多岁的时候失去了丈夫，而他们一直膝下无儿无女。丈夫临终前嘱咐刘玉华，去孤儿院收养一个孩子，那样她未来的生活就不会太孤单了。

遵照丈夫的遗嘱，刘玉华决定这样去做。

转眼两年过去了，养子到了该上学的年纪，开销逐渐多了起来，仅靠刘玉华做小时工已经无法供养孩子和自己的生活，于是她又开始在没活干的时候捡起了破烂。

经过近20年辛苦的劳动，刘玉华终于把当初那个小顽童培养成一个大小伙子。

养子在学习方面很给她长脸，为此，她别提有多欣慰了。后来，养子大学毕业后留在了大城市，任职于一家上市公司，有着不菲的收入。

当得知孩子在大城市立足之后，刘玉华激动得掉下了眼泪，当然，这泪水中还包含着她对孩子的思念，因为自从孩子上大学到毕业后工作的这七八年，从来没有回去看过她，只是偶尔寄一封信或者汇一些钱。

刘玉华太想念孩子了，而且年纪越来越大的她很希望自己能守着孩子，看着他成家，帮着他带孩子。

可是，当她把自己的意愿通过书信的形式告诉孩子的时候，得到的却是养子寄来的一张5万元的支票。

看到支票的刘玉华半是喜悦半是担忧，她不知道孩子是什么意思。

等她拆开孩子的信，才恍然大悟，信上这样写道："妈妈，虽然养育之恩大于天，但经过我慎重的考虑，我还是觉得您不应该和我住在一起。为了弥补您这些年来所受的损失，我愿意补偿您5万元人民币，这也是一笔不小的数目了。我很快会组建我自己的小家庭，希望您为了我的幸福着想，以后不要再打扰我了。"

看完信，刘玉华的心一下子跌入了谷底，她无论如何也想不到，自己辛辛苦苦培养大的孩子居然如此忘恩负义。

此后大半年的时间里，刘玉华都沉浸在痛苦之中无法自拔。周围的邻居们看她一副可怜兮兮的样子，都劝她想开点儿，大家还纷纷拉着她去山上溜达、散心。

一天，在山上溜达的时候，刘玉华发现有一朵小花盛开在悬崖峭壁间，刹那间她有所顿悟：一朵小花都能开得这么带劲儿，自己是不是也可以这样呢？20几年难熬的日子都过来了，现在该为自己好好活一回了。

就这样，刘玉华终于振作起精神，重新投入到忙碌的生活中。

虽然古话云：养儿防老，可是自古以来，不孝儿却大有人在。做父母的如果遭遇子女忘恩负义，其悲伤之情何其沉痛不难理解，但是还有句古话说“儿大不由娘”，要是子女一门心思脱离你，父母再委屈、再无奈、再愤怒，也难以让其迷途知返。

与其这样，还不如把心胸放开一点儿，不去理会那些忘恩负义的人，不管他是亲人还是朋友。一旦我放宽自己的心胸，便会发现，原来自己周围的一切并没有什么改变，对于自己曾经的付出不去计较、不去追求，那么你的生活照样可以重新开始，你仍然可以享受生活赐予的一切美好的事物。

第6章

如果不是醍醐灌顶，人生的方向不会清楚

很多时候，面对同一件事，只需我们内心的一个转变，便会于山重水复处惊见柳暗花明。其实，一切的根源都在于我们的内心。这个世界上本没有解决不了的事，往往困住我们的不是外界的环境，而是我们自己。因此，我们不妨学着和内心和解，也许恍然间就会感觉醍醐灌顶，而前方的路也会变得越发清晰起来。

打开思路，就有很多出路

生活中，有时候看似山重水复，但如果换一个方向、找一个新的角度，或许就能柳暗花明。因此，我们不要站在墙角看问题，而应转过身，如此你会发现，原来自己还有这么多条可以走的路。

微博上有一张转发颇多的图片，其内容是：一个狭小的空间里有类似油漆一样的液体在不停地流动，所以站着的人所立足的空间也就越来越小，而画面中的人物不是跨出去，而是往角落处缩着……

这幅图片寓意着，如果方向选错了，那么只能让自己没有立足之地。

可是想想我们自己呢，是不是也常犯这样的错误？当我们面临困境，不是想着走出去，而是逐渐让困境带来的伤痛一点点地挤压自己可以立足的空间，到头来只能落得遍体鳞伤。

其实，不管命运以什么样的方式呈现给我们，我们都应该用理智的思想来看待它。我们要明白，如果人生不经历磨难，它就会变得肤浅甚至会贬值；如果生命不经受风雨的洗礼，它就会变得单薄不堪。

尽管如此，总会有些人把方向固定在墙角，遭到不幸的时候，以为退缩才是最好的解脱，心里不再对可能拥有的幸福抱有希望。一旦长期这样思考，那么势必会让自己进入一个阴暗的死胡同，长期陷入悲伤中而无法自拔。

经过两年多美好的恋爱，阿蕊就要和男友冯涛举办婚礼了。可是，不幸却在婚礼前一个月降临到他们身上，冯涛在一次自驾旅行中不甚将车开进了路边的沟里，并撞上了电线杆，失去了生命。

这样的遭遇让阿蕊痛不欲生，她觉得自己太不幸了，一时间，阿蕊觉得天都要坍塌下来了，终日以泪洗面。她看不到自己未来的方向，也不想去看，干脆辞掉工作，把自己关进房间，不与外界交流。

阿蕊本来就是一个爱钻牛角尖的姑娘，这次的打击让她更是一根筋。数日过去了，她依然无法缓解过来，就这样，她一直沉浸在痛苦的回忆里。

阿蕊的家人见她如此，都想方设法帮她赶快从这种痛苦中走出来。

可是，一晃半年多的时间过去了，家人能想到的办法都想了，可是阿蕊的情绪依然毫无改观，更让家人担心的事终于发生了。

一天，阿蕊悄无声息地离家出走了。家人知道后，赶紧四处寻找，可是为时已晚，等找到她的时候，发现她抱着未婚夫的相片冲进滚滚的车流里，结束了自己年轻的生命。

对于阿蕊，正常的人看来，都会为之痛惜甚至斥责，她这种“站在墙角看问题”和从过去“走不出”的情绪最终造成了悲剧的发生。如果她能够坚强一点儿，豁达一点，也许经过时间的洗礼，她能够摆脱回忆的困扰，重新开始自己的人生。

阿蕊自然不懂得，她的这种站在“墙角”看问题的做法就是一种让自己执着于错误的行为，这种做法只能让她的痛苦越积越多。当痛苦沉重到一定程度的时候，生命就很可能负担不起。佛家有云：“今日的执着，终会造就明日的后悔。”其意思是说，一旦过于执着于委屈，我们的内心就无法得到平静，也无法获得快乐。

因此，当我们放下心中的执念，就会走出挡住我们前进的墙角，使我们不再为过去而纠结。

一个在城里长大的男孩在暑假期间去乡下体验生活，他看到一头驴，感到很有趣，于是就花了100美元买下了那头驴。他和卖驴的农民商定好，等他离开乡下的时候再来把驴牵走。

可是不凑巧，等他来牵驴的时候，驴子居然在前一天晚上死了，而那100美元也被农民花光了。

男孩略一沉思，他让农民把那头死驴给他。农民疑惑不解，但还是答应下来。

不久之后，农民进城卖粮食，遇到了买他驴的男孩，农民问他是怎么处置死驴的，男孩回答说："我把驴拉到了热闹的集市上，举办了一场幸运抽奖活动，奖品就是那头死驴。我一共卖出了500张彩票，每张2美元，总共卖了1000美元。"

农民倍感惊讶，他没想到这个男孩居然有这样的头脑，更让他没想到的是，多年后，这个男孩成了一家大公司的总裁。

故事中的男孩花了100美元得到一头死驴，可以说是很冤枉的，假如换作旁人，可能会和农民较真儿，要么让农民赔自己一头活驴，要么让农民赔钱。可是这个男孩却没有这样做，他打破常规，站在更远更高的位置上想出了一个全新的能扭转局面的方法，着实令人敬佩。

可见，不站在墙角看问题，才能真正走出困境、收获惊喜。当然，我们所说的不站在墙角看问题，除了要善于变通外，还应该引起我们注意的一个问题是，不要死缠着一个问题不放。有些事情在刚刚发生时，可能会让我们痛不欲生，但生命还很长，我们能够创造的快乐还很多，如果我们能多想想快乐的事情，多想想以后多彩的人生，痛苦就会慢慢减淡，直至不再对我们的生活造成任何影响。

看到这里，让我们回首一下自己走过的路吧，我们是否有过一些小小的不顺并为此而整夜睡不着觉？有没有因为别人的斥责耿耿于怀很多年？现在再回过头去，你也许会觉得，那些曾经让自己无比心痛和委屈的事，现在看来真是不值一提。

没错，时间是不断运行的，也就没有什么是过不去的。即使再委屈、再不甘心，也只是生命中的一小段路罢了。只要你学会转弯，不再盯着束缚身心的墙角不放，那么你的心胸就会变得宽大，眼前的一切也就不会占据你内心过多的空间。这样的状态，不正是你所期待的吗？

换个角度，再难的问题也可以迎刃而解

人生在世，总会遇到各种各样的问题，那么，解决这些问题需要如何去做呢？其实很简单，只要换个思路，从不同的角度审视，问题就能迎刃而解。

哲人说："生命是一种罪过。"对此，我们姑且不去谈论哲学的命题本身，单从这句话里，我们便可体会出，人活着就是要解决麻烦的，否则便不是人生。

想想看，无论是谁，从呱呱坠地到生命结束，从无名小卒到显赫名贵，从吃穿用度到治国安邦，似乎每个过程都充斥着各种各样、大大小小的难题，这也正是对"生命是一种罪过"的宽泛解释吧。

那么，为什么人人都有很多麻烦，却有人能够获得生活的幸福、事业的成功、人生的欢愉，而有的人却恰恰相反呢？

岂不知，这一切的根源都在于我们的内心，这个世界上本没有解决不了的事，往往困住我们的不是外界的环境，而是我们自己。在问题面前，如果我们换个角度、换种思维，或许就迎刃而解了。

我们来看一个与此相关的神话故事。

某地发生了一场瘟疫，夺去了很多人的性命，这下可把死神给累坏了，于是他待在路边休息。

这时候，一个年轻的小伙子走过来安慰他，死神见年轻人善良老实，就将他收为徒弟，死神把一种能够起死回生的点穴手法教给了年轻小伙子，只要在病人身上的相关穴道点几下，那么这个人的病就会治好。

不过同时，死神嘱咐小伙子说："你可以用这个手艺去行医，但是你要记住，在治疗垂死的病人时，如果你见我站在病人的脚边，你可以治好他的病，但如果你见我站在病人的头那一边，说明他气数已尽，你就不用治了。如果违背了这一原则，你将会受到死亡的惩罚。"

年轻人遵照死神的嘱托，为很多人免去了病痛之苦，成了一名远近闻名的名医。

一次，王宫里的公主生病了，太医们束手无策，国王便颁布了一条命令：谁能把公主的病治好，就把公主许配给他为妻。

年轻人听到了这个消息，就自告奋勇来到皇宫，请求国王让他为公主治病。国王同意后，年轻人就走进了公主的房间，他见公主貌美如花，一时间便喜欢上了公主，可偏偏公主的头旁站着死神。

年轻人实在喜欢公主，一心想把公主救活，但是他想到那条"戒律"，便又产生几许无奈。不过很快，年轻人就想出了办法，他请求国王把公主的床换一个方向，并告诉国王，这样他就能把公主治好。

听到这句话，国王就像遇到救星一样，赶紧命人把公主的床换了个方向。这样一来，死神变成了站在公主的床尾，而年轻人果然很快治好了公主的病，死神对他的做法也着实无可奈何。

公主病好之后，年轻人和她成了夫妻，过上了美好的生活。

这虽然是一个神话故事，但是其中年轻人的做法的确值得我们深思。他面对困难的时候，没有消极地逃避或者搁置不管，而是让头脑保持冷静，巧妙地变通了一下，便找到了解决问题的办法。不能不说，这个小伙子是何等聪明。

由这个故事可以联想到我们现实的生活，在现实中，同样存在很多难以直接求解的问题，这时候我们不要幻想走“直线”，而应换一个思维、变一个角度，说不定我们就会让眼前豁然开朗，问题也就迎刃而解了。《孙子兵法》中曾云：“先知迂直之计者胜。”这里所讲的就是“曲中有直，直中有曲”，这是辩证法的真谛。而在当今竞争激烈的现代社会，更需要结合环境的虚实、优劣，高瞻远瞩，把自己固定的想法转换一下，才能取得最终的成功。

一位博士毕业的年轻人想找一份符合自己专业的理想工作。可是，由于他学历高、起点高、要求高，以致很多公司都不敢录用他。

年轻人左思右想，终于想到一个办法，他决定试一试。

他收起自己所有的学历和资格证明，以一个最低的身份前去求职。当他拿着高中毕业证出现在某家公司招聘人员面前时，见对方似乎对他有兴趣，他马上表示自己只想在岗位上得到锻炼，哪怕不给工资都乐意。

就这样，年轻人进入了这家公司做普通的小程序录入员。这份工作对于计算机博士毕业的他来说简直是小菜一碟，尽管如此，他也丝毫不曾马虎大意，而是一丝不苟地完成上级安排下来的任务，并且当他发现程序中的小错误时，也及时向领导提了出来。

领导没想到这个小伙子居然能够指出程序中的错误，这是其他普通程序录入员没法比的，因此对小伙子多了一份认可和欣赏之情。

渐渐地，年轻人经常在工作中“露一小手”，让领导越发对他刮目相看。这时候，年轻人才拿出自己的博士学位，而且是一所著名大学的博士学位。此时，领导对年轻人有了全面的认识，便毫不犹豫地重用了他。

这个故事看似离奇，但它再一次验证了换个思路、拐弯绕行的做法实在值得我们借鉴。

所以，当你面临困难，正面强攻不下的时候，不如采取迂回战术，从另外的角度看看能不能找到解决问题的突破口，说不定就会柳暗花明又一村。

换个角度会让你看到希望

面对同样的事，为什么有的人能够应付自如、轻松潇洒，而你却总是力不从心、屡屡受挫？在寻找答案之前，请先低下头看看正在做的事情是否真正是适合你的吧。

“向前进，向前进！”这是歌声为曾经的革命者吹响的号角，而身处和平年代的我们，是否也一定得不断地向前、向前、再向前呢？

在回答这个问题前，我们先来分析一下这个问题：面对同样的事，为什么有的人能够应付自如、轻松潇洒，而自己却总是力不从心、屡屡受挫？

其实，那些活得轻松自如、洒脱淡定的人，并非由于他们无可挑剔而有如此成就，而是由于他们能够把握得住“进退”的界限。当面临“不可进”的情形时，他们懂得退后一步，然后再换一个角度想办法让自己前进，这样一来，成功便不再那么复杂和困难，而他们的人生也不必如此纠结了。

一位登山运动员参加了攀登世界第一高峰——珠穆朗玛峰的活动。我们知道，珠峰最高海拔为八千多米，但这位运动员在爬到六千多米的时候，因为身体出现了不适而放弃了攀爬。

面对快要登顶的他，很多朋友都为其深表遗憾，这个说：“哎呀，你都已经走了3/4的路程了，你为什么要放弃呢？”那个说：“如果能咬紧牙关挺住，再坚持一下，或许也就上去了。要知道，有多少人梦寐以求站在珠穆朗玛峰上啊！”

面对众人的惋惜之情，这位运动员却不以为然，他平静地对大家说："其实，我心里很清楚，六千多米对我来讲已经是我登山生涯的最高点，根据我当时的身体状况而言，那已经是极限了，如果我再继续爬，那么很可能会丧失性命。难道我会和自己的生命开玩笑吗？所以，对于中途退却，我一点儿都没有感到遗憾。"

这位运动员的话确实很有道理，而他的做法也值得我们学习。当我们到达一定程度，无法再前进，或者再往前走很可能会让自己惨不忍睹的话，不妨退一步，这才是明智的选择。

换句话说，每个人做每件事或许都存在一定的极限，我们不能指着柳树要枣吃，也不能明知山有虎，偏向虎山行。虽说突破自我很有必要，但是这种突破并不是建立在鲁莽和无知的基础之上的。美国总统林肯曾经说过这样一句话："自然界里的喷泉，其喷发的高度不会超过它的源头。"这句话的意思就是，事物本身存在着突破口，但并非任何人都能够穿过突破口而创造极限，也就是说，每个人都有最大的承受能力。像案例中的这位运动员，他知晓自己的生命所能承受的极限，因此淡然自若地做自己能做的事。这样做，谁又能说他不是一位胜利者呢？老祖宗有句古训："当行则行，当止则止。"要告诫我们的正是这样一个道理。

聪明的做法是，我们要及时了解自己的能力，知道自己几斤几两，承认自己的不足。在此基础上，我们才能做到量力而行，不莽撞、不遗憾。

幼年时期的格里格·洛加尼斯是一个十分害羞的男孩，又因为他说话有些口吃，所以在阅读与讲话方面不尽如人意，一度被归为学习最差学生的行列。

不过，洛加尼斯是一个很聪明的孩子，小学没毕业的时候，他就发现了自己在运动方面强于他人，而这是他特有的天赋使然。认清这点后，洛加尼斯减轻了一些自责，并开始专注于舞蹈、杂技、体操和跳水方面的锻炼。由于自身的天赋和努力，洛加尼斯果然开始在各种体育比赛中崭露头角。

可是，升入中学后，洛加尼斯发现自己有些力不从心了，因为无论是舞蹈、杂技、体操、跳水，都需要辛勤的付出，他不可能有这么多时间和精力去做这么多事，常常感到力不从心，而且这些事情自己仅仅能做到差不多，离优秀还有一段距离。

后来，在恩师乔恩——前奥运会跳水冠军的指点下，洛加尼斯认识到自己在跳水方面更有天赋，便接受了跳水专业训练。

经过长期的努力，洛加尼斯终于在跳水方面取得了骄人的成就：16岁成为美国奥运会代表团成员；28岁时已获得六个世界冠军、三枚奥运会奖牌、三个世界杯和许多其他奖项；1987年作为世界最佳运动员获得欧文斯奖，达到了一个运动员荣誉的顶峰。

看完这个故事，我们很为洛加尼斯感到庆幸，他没有一味地在某一个方面和自己较劲儿，而是选择了另辟蹊径的做法。不难想象，如果在学习上与别人竞争，那么到现在他或许也只是个普普通通的人，因此我们说，洛加尼斯是幸运的，而他的幸运是建立在自己懂得取舍、懂得退让的基础之上的。

由此可见，无论我们身在职场还是驰骋商界，都不要认死理，适当地退一步，或许就能看到别的可以前进的道路，任何时候都不要忘了条条大路通罗马。只要你能最大限度地发掘自己的长处，就能收获内心的充实和坦荡，拥有“非同寻常”的人生之旅，这样的人生才称得上精彩绝伦，不是吗？

不要把困难看成困难

很多事情其本身往往不会对我们造成伤害或阻碍。我们之所以对某件事不能解脱和释怀，多是由于我们对待事情的态度和反应导致的。殊不知，事情本身是一回事，如何看待它却是另外一回事。

横看成岭侧成峰，同一样事物，不同的角度会显现不同的风景。这也就是说，同一件事情，往这方面想可能就会导致我们情绪低落、内心不快，而往另一个角度看，就会积极乐观、豁然开朗。

由此可以判断，我们对事物产生某种希望或者恐惧是因为事物往往会以各种情形出现，从不顾及我们的感受，也不会迎合我们的愿望。既然外部的环境容不得我们选择，但是对外部环境的反应却是可以由我们自己说了算的。

面对一个问题、一件事情，我们要抱着乐于接受现实的态度努力地寻找它存在的益处，这样，我们才能更好地接受现实，才能更好地换一种思维去思考问题，进而解决问题。

曾经，有一位母亲教育儿子："儿子，不要把困难看成困难。"

"那把它看成什么呢？"儿子问。

"把它看做你平时最爱玩的电子游戏中的那些怪兽。当它来的时候，你不要怕，你只需要用力地打它、打败它！你甚至可以想：'呃，又有好玩的了。'你玩游戏的时候，不是越大的怪兽越刺激好玩吗?”

“如果我打不过它，失败了怎么办呢?”儿子问。

“那又有什么关系呢?你平常玩游戏时，失败了不就是重新再玩一次的吗?”母亲回答道。

这位母亲是明智的，这个孩子是幸运的。现实中，并不是所有的母亲都能给孩子这样的教育。其实，正如这位母亲的话语所传达的，失败没什么可怕的，可怕的是我们在心态上彻底输了。

我们何不学着这位母亲的思路，把眼下的困难看做一场游戏？这样一想，我们便不会烦恼、不再郁闷、不再伤心，而是再给自己重来一次的勇气和机会。

可是，现实社会中很多人在这一问题上的表现不容乐观，他们常常会带着一份厌恶感或同情心去看待一些问题，岂不知，这样就会无意间保留了一些未经检验的看法和观点，认为事情本身就是一场无尽的灾难，自己根本就没有办法改变，从而无所适从，被困难打倒。

既然如此，我们还是选择前一种吧，做一个明智的人，用有益的方式对看似不好的事情做出一些恰到好处的反应。

有一个女作家为了寻找写作的灵感，使得作品与众不同、很有味道，常常四处游历。

有一次，她来到一个小山村体验生活，夜里在一对夫妇家借宿。女主人看了看她，同情地说：“一个女人这样浪迹天涯，太可怜了!”女作家听后，诧异地说：“不啊，我并不觉得可怜和孤独。能够实现理想，我很快乐啊!”

可以说，女作家是乐观的，更是明智的，她懂得往事物好的一面去看，而那个农妇相对来讲就显得狭隘，只看到事情坏的一面。

其实，好与坏都带有很强的主观色彩，都是有限经验导致的结果。可是，两种看法却会产生截然不同的结果，悲观的想法导致坏的结果，乐观的思维带来好的结局。如果悲观的人不能辩证地看事情，就不能走出误区，也就无法摆脱过于强烈的个人色彩，那么他们的日子也是泥泞而灰暗的。而乐观的人由于懂得在不利的事情中也能看到其中存在的优势，能分辨出其存在的价值，就能很好地汲取教训，使事情向着美好的方向发展。

看到这里，该怎么看待事物、该如何面对问题，想秘你的心里已经有答案了吧?

舍不得后退，就永远发现不了新天地

现实生活中，冲突和矛盾是避免不了的，这个时候，我们不妨转换一下自己的思维，用博大的心胸去包容万物。当你退了一步之后，就会看到一种出乎意料的美丽和一个意想不到的奇迹。在生活中，我们确实需要前进，但是要记住，暂时的后退也可以换得未来的前进。

俗话说得好：“退一步风平浪静，让三分海阔天空。”遇到事情不冲动，多一分宽容和忍让，或许可以让我们避免许多不必要的麻烦，也可以减少很多不必要的矛盾。

不可否认，我们生活在大千世界中，免不了会与别人产生一些矛盾与摩擦，面对这些不快，每个人的处理方式又各不相同。如果一个人心胸豁达、懂得包容和宽恕别人，那么，他眼中的世界永远是阳光明媚、积极向上的。相反，心胸狭隘的人总是和别人针锋相对、斤斤计较，这样不但会伤害别人，自己也变得消极落寞。

在古希腊神话中，有一个名叫海格力斯的英雄。一天，他正在崎岖不平的山路上走着，突然看到一个鼓起的袋子，而且这个东西的位置很碍脚，于是他抬起脚来，用力地朝袋子踩了下去。让他没有料到的是，那个袋子不但没有被踩破，反而变得越发膨胀起来，海格力斯被激怒了，他抄起一根大木棍，使出了吃奶的劲儿去砸那个袋子，那袋子居然开始加倍地变大，直到最后把那整条路都堵死了。

这时，一位圣者在海格力斯身后出现了，他和颜悦色地对海格力斯说："年轻人，赶紧住手！离它远一些！这个袋子叫仇恨袋，如果你不惹它的话，它就会缩小到你刚看到它时候的样子。如果你不断地去侵犯它，它就会膨胀得越来越大，那时候，你永远都没办法从这里通过了。"

看完这个故事，我们是不是可以反观自身？我们是不是也经常会犯和海格力斯同样的错误？在遇到矛盾的时候，总是不愿意自己吃亏，而是向对方步步紧逼？认为如果自己先做出退步就是没面子、没尊严的表现，这样只会导致矛盾不断地被激化和升级，最后弄到无法收拾的地步。

我们需要清楚的是，退让和宽容并不会让我们失去尊严，相反，它恰恰是一种心胸豁达、成熟理智的表现。一时地退让不仅可以避免矛盾的加深，还能换来别人的尊重和感激。敌意和仇恨就像一堵不断增长的墙，而宽容和退让则像一条不断加宽的道路。我们要学会宽容别人、善待恩怨，学会尊重自己不喜欢的人，因为宽容别人就是在宽容我们自己，在宽容别人的同时，也为自己营造了一个安宁的心境。

一位心理专家特意做了一个实验，他让实验者去回忆曾经一个受伤害的场面。在固定的时间内，实验者要先用宽容的心态去回忆，接着再用不宽容的心态去回忆同样的场景。实验结果显示，实验者在用不宽容心态回忆时的平均心率都有不同程度的增加，而血压也在随之上升，看来，宽容有利于身心健康，并且能够消除仇恨等不良情绪。

不得不承认，往往由于各种原因，我们难免会和别人发生冲突。当你的朋友背叛你的时候，你是选择伺机报复，还是选择宽容他呢？当有人在背后恶语中伤你的时候，你是想用同样的坏话去攻击他，还是保持缄默、泰然处之？宽容是一种至高的人生境界，遇到矛盾的时候，不妨把自己的刺收起来，后退一步，或许是为前进做好的铺垫。

李渊任太原留守时，突厥兵时常来犯，突厥兵能征善战，李渊与之交战，败多胜少，于是视突厥为不共戴天之敌。一次。突厥兵又来犯，部属都以为李渊这次会与突厥决一死战，可李渊却是另有打算，他早欲起兵反隋，可太原虽是军事重镇，却不是号令天下之地，但又不能离了这个根据地。如果离开太原而向西进，则不免将一个孤城留给突厥。经过这番思考，李渊派刘文静为使臣，向突厥称臣，书中写道："欲大举义兵，远迎圣上，复与贵国和亲，如文帝时故例。大汗肯发兵相应，助我南行，幸勿侵虐百姓，若但欲和亲，坐受金帛，亦唯大汗是命。"

唯利是图的始毕可汗不仅接受了李渊的妥协，还为李渊送去了不少马匹及士兵，增强了李渊的战斗力，而李渊只留下了第三子李元吉固守太原，由于没有受到突厥的侵袭，李渊得以不断从太原得到给养，终于战胜了隋炀帝杨广，建立了大唐王朝。而唐朝兴盛之后，突厥不得不向唐朝乞和称臣。

唐高祖李渊以退为进，为自己的雄心大志赢得了时间。如果不能忍那一时之气，李渊外不能敌突厥之犯，内不能脱失守行宫之责，其处境必将陷于险恶之中。

由此看来，有些时候，后退也是一种前进。因此，身处竞争激烈的社会舞台上的我们，不要只为了生存而不停地向前赶路，而应适当地摆出后退的姿势，这样才能更好地前进。

你付出的，其实就是你得到的

泰戈尔说："即使爱只给你带来哀愁，也要信任它，不要把你的心关起。"是的，就算我们善待别人并不一定能得到回报，至少，在这个过程中，我们是快乐的。这，就足够了。

很多人总喜欢对别人横挑鼻子竖挑眼，常常拨着自己心里的算盘，看看是得到的多，还是付出的多，或者算计别人给自己带来了多少"好处"。

无疑，这样的想法只能以狭隘、自私来形容。这些人或许不知道，人与人之间的作用是相互的，你对别人好，别人才能对你好；你为别人付出得多，你才能从别人那里收获得多。

在一个花园里，一只蜜蜂和一只黄蜂相遇了，黄蜂气恼地说："奇怪，我们两个有很多共同点，同样是一对翅膀、一个圆圆的肚子，为什么别人提到你常是开心的，提到我却说我是害虫呢?"

黄蜂接着又愤愤地说："我真不明白，真要比起来，我有一件天生漂亮的黄色大衣，而你却成天脏兮兮地忙里忙外，我到底哪一点不如你呢?"

蜜蜂说："黄蜂先生，你说得都对，但我想人们会喜欢我，是因为我给他们蜜吃，请问你为人们做了什么呢?"

黄蜂气急地回答："我为什么要帮人们做事？应该是人们要来捧我吧!"

蜜蜂接着说："你希望别人怎样待你，你就得先怎样待人。"

看看我们所处的生活环境中，诸如黄蜂这样充满气恼情绪的人并不少见，但这类人往往除了气恼却从不分析出现这种情况的原因所在，而聪明又善良的蜜蜂却深深知道想要得到别人的关心和喜爱，就要先向别人付出友爱与帮助。

对于这一点很好理解，要知道，在多数人的内心深处，自我意识较为强烈。举个例子，一家咨询公司就电话对话做过一项调查，看在现实生活中哪个字使用率最高，在 500 个电话对话中，“我”这个字使用了大约 3950 次。很显然，一个人不管其实际状况如何，在其内心中都是非常重视自己的。

正如一位名叫约翰·杜威的美国哲学家说过的：“人类本质里最深远的驱策力就是希望具有重要性。”每一个人来到世界上都有被重视、被关怀、被肯定的渴望，当你满足了他的要求后，他就会对你重视的那个方面焕发出巨大的热情，并成为你的好朋友。

一位男子坐在一大堆金子旁，伸出双手向路人乞讨，索要钱财。

这时候，佛陀向他走来，男子同样伸出双手乞讨。

佛陀问他说：“你都拥有一堆金子了，为什么还乞讨呢？难道你还有什么乞求吗?”

只见这位男子叹了口气，说：“唉！虽然我拥有如此多的金子，但是我仍然不满足，我乞求更多的金子，我还乞求爱情、荣誉、成功。”

于是，佛陀从口袋里掏出他需要的爱情、荣誉和成功，送给了他。

一段时间过后，佛陀又从这里经过，又看到那位男子坐在一堆金子上向路人乞讨。

佛陀问他：“你所求的都已经有了，难道你还有什么不满足的吗?”

“唉！虽然我得到了那么多东西，但是我还是不满足，我还需要快乐和刺激。”男子说。

听完，佛陀又把快乐和刺激也给了他。

一晃又是一段时间过去了，佛陀从这里路过，只见那个男人仍然坐在一堆金子上，向路人伸着双手乞讨。

佛陀又问了同样的话，只听男子说："我还是不能感到满足，佛陀，请你把满足赐给我吧！"男子说。

佛陀笑了笑，说道："你需要满足吗？那么，请你从现在开始学着付出吧。"

一段时间过后，佛陀又从此经过，只见这个男人站在路边，他身边的金子已经所剩不多了。原来，他正把它们施舍给路人。

男子把金子给了衣食无着的穷人，把爱情给了需要爱的人，把荣誉和成功给了惨败的商人，把快乐给了忧愁的人，把刺激送给了麻木不仁的人。现在，他几乎一无所有了。

佛陀问他："你现在满足了吗?"

男子微笑着说道："我满足了，满足了！原来，满足就藏在付出的怀抱里啊。当初我只想得到更多，以为只有那样我才满足，可是却始终没能如愿，反而越来越不满足。而当我付出时，我为我自己人格的完美而自豪、而满足；为人们投来的感激的目光而自豪、而满足。谢谢您，佛陀，是您让我知道了什么叫真正的满足，什么才是真正的获得。"

看着人们接过他施舍的东西满怀感激而去，男子笑了。

这则寓言告诫我们，一味地获取并不能让人满足和快乐，只有付出才能真正获得满足、找到快乐。从这个角度讲，用有形、有数的付出能换来无形、无边的快乐和满足。

然而，看看我们身处的现实世界，总有这样一些人，他们总是想得到一些东西，可他们总是得不到，因为他们从来都不想先付出什么。他们希望得到成功者的帮助，可是他们却不想先为成功者做一些事情；他们总是非常自私地就是想得到，而舍不得先"吃亏"，而这种心态往往注定了他们的失败。

可以说，向别人付出是一种爱，这种爱不是一片宁静的土壤，而是一种征服的力量。很多人都不知道，帮助别人也有助于自己的成功，你可以在帮助他人的同时实现自己的目标。如果你是主管、经理或老板，你在帮助下属获得成功的同时，你自己也会变得更加成功；如果你是教师，学生的成功就是你的成功，因为你传授了学生知识。当我们学着帮助别人时，我们与别人的关系也能得到巩固和发展。

所以说，你要想被人重视，就要先尊重别人；不想被骂，就要以和蔼与宽厚的态度对待他人；不想听谎言，就先要对人诚实地讲话；不想失去朋友，就别去伤害朋友……总之，只有你把温暖带给别人，别人才能将热情回报于你。所以，你要对他人付出爱和尊重，哪怕只是多一个包含真情的眼神，哪怕只是一个细微的动作，让他们都因为“我”这个人的存在而变得更幸福、更快乐。一旦如此，自己便会从中收获更多的幸福和快乐。

适时变通，不走人生路的单行道

人生并非只会在一个地方、一个领域取得成就，因此我们没有必要无畏地坚持。只有审时度势、当机立断，才能在变通中寻找出路，在思考中找到解决问题的最佳途径，进而达到事半功倍的成效。

古人有言：“穷则变，变则通，通则久。”可是反观我们的生活，能将此理运用于自己生活的人却不多见，有不少人把人生看做一条单行道，一条道走到黑。

到头来怎么样呢？无疑，这种不撞南墙不回头的做法只能让自己伤痕累累，到头来，白了少年头，空悲切。

殊不知，很多时候，或许我们只要稍微变通一下，那些令我们头疼的问题便自行解决了，曾经看起来走到尽头的路居然柳暗花明起来。

韩菲菲从一所师范院校中文系毕业后，应聘到一家出版社任图书编辑。一次，她向一位业内有名的作家约稿。之前，韩菲菲就听说这位作家以难以应付著称，所以这次一见到这个人，心里就惴惴不安起来。

果然，韩菲菲与这位作家的第一次谈话没有成功，究其原因，主要是因为无论作家说什么，韩菲菲都以“是”、“是的”或者“可能是吧”等简单或者模糊的词来回答，局促不安的她全然忘了请求作家写稿子的事。

回来后，韩菲菲总结了自己这次不成功的邀约，发现了自己的问题所在，于是她决定改天再去拜访作家，心想下次一定要向他说明这件事，决不能像今天这样随便地结束。

第二次，韩菲菲虽然如约见到了作家，但作家过于冷淡的态度有些让韩菲菲受不了，韩菲菲觉得彻底没戏了，可就在她灰心丧气地将要和作家告别时，脑海中突然闪过一本业内的杂志曾刊载过与这位作家近况有关的一篇文章，于是她说道：“我听说您的一篇作品被译成英文在美国出版了，是吗?”

就在韩菲菲说完这句话时，这位作家猛然向前倾了倾身体说道：“是呀。”

韩菲菲发现作家来了兴致，于是继续说道：“只是不知道您那种独特的文体用英语是否能够完全体现出来呢?”

“这一点也是我所担心的呢。”作家饶有兴趣地说。

就这样，韩菲菲和这位作家的谈话一直持续了半个多小时，气氛也变得轻松起来。这时候，韩菲菲向作家提出写稿的请求，而这位作家也笑呵呵地答应了下来。

看完这个故事，或许你会产生这样的疑问：这位难以应付的作家为什么会因为韩菲菲的一席话，其态度来了个180度的大转弯呢？其实，这是因为作家认为，这位编辑不仅读过他的文章，而且对他写作风格方面的一些情况也有比较透彻的了解，同时他也从中感受到这位编辑是一位不会随便应付的人。

由此可见，我们在与人打交道的时候，事先了解一下交谈对象是很有必要的。这样做，可以在最短时间内拉近人与人之间的关系，还可以像上面故事中的韩菲菲一样，在心理上占有一定的优势，从而实现自己想要的结果。

其实，生活中的很多事，其发展轨迹并不会按照我们所预想的那样，因此仅仅靠书本上和过来人的理论和经验是远远不够的，只有懂得变通，才能以“不变”应万变。

不知道你是否听说过，自然界有这样一种鸟，它们以食鱼为生，但其嘴巴的形状是直直的，上下两部分都又长又阔，所以在吃鱼的时候很容易被卡住，于是，鸟很聪明地想出这样一个办法，在吞吃食物时，把鱼抛到空中，让鱼头朝下鱼尾朝上落下，自己用嘴接住，这样一来，鱼在通过咽喉的时候，鱼翅的骨头就会由前向后倒，不会卡在鸟的喉咙里了。

不得不说，这种鸟实在聪明，而这也是大自然优胜劣汰的生存法则赐予它们的本领吧。回过头来想一想身处复杂多变的社会中的我们，在为人处世的过程中，同样也会像这种鸟一样碰到各种各样的“刺儿”，此时，如果我们懂得变通，寻求另一条道路，是不是就会比一条道走到黑多一些胜算呢？

能输得起，将来才会赢得起

人生像一盘棋局，时而风平浪静，时而暗潮汹涌。面对失败，如果我们抱着死不认输的态度，那么势必会让自己活活地败在这种观念里。正确的想法是：既然无法摆脱失败的遭遇，那就让自己做好“输得起”的准备。

很多人，尤其是男性很喜欢打牌这项游戏。现在请想一想，当我们玩牌的时候，是不是总会发现一些人，也有可能是自己，每当出牌的时候就会表现得谨小慎微、犹豫不决，而到头来往往越是如此，输牌的可能性就越大。

打牌如此，我们的人生又何尝不是如此？

面对即将开始的“搏杀”，如果我们总是患得患失、害怕失败，那么到头来很可能以失败而告终，因为输不起就意味着失去了平常心，如果没有了平常心，怎么会赢得一个成功的人生呢？因此，这里的“输得起”对你人生道路上的输赢起着很关键的作用。用美国股票大王贺希哈的话说：“不要问我能赢多少，而应问我能输得起多少。”

在广阔无垠的自然界中，有些动物的本性可以对“输得起”做出一个很好的诠释。

对于狼这种自然界中勇猛的猎捕者，我们都不陌生，但是我们或许并不清楚，它们捕食的成功率也仅仅只有10%左右，也就是说，在狼群每十次的猎捕行动中，仅仅只有一次的成功机会。

或许更让我们惊讶的是，就是这1/10的成功概率关系到了整个狼群的生存问题。

原来，对于那90%的失利，狼不会表现出倦态和绝望，而是会重新以饱满的精神投入到下一次的猎捕行动中去。

动物学家经过研究发现，一次失败的狩猎行动能磨炼狼群的技能和增加对成功的渴望；对于所犯的错误，狼绝对不会视为失败。

也许正是这种不怕失败的精神，让狼随着时间的磨炼获取到了更多的狩猎技巧，而成功也就自然降临到它们身上了。

由此可见，失败并不是天塌下来的事，而真正让人绝望的是害怕失败，或者找不到失败的原因。因此，我们也要像狼群一样，遇到问题不怕失败，即使失败了，我们也要及时找出解决的办法，然后充满信心地投入到下一次“狩猎”中去，这样才能更好地成长。

说到底，输和赢在一定程度上赌的就是人们的心理，谁不怕输，谁能有一颗平常心，谁就可以赢得最终的胜利。

有着常胜将军之称的拿破仑指挥的所有战役中，并非是百战百胜的，也有1/3的战役以失败而告终，但这并不妨碍他进行下一次战役，最终成为最伟大的军事家。显然，人们不会因为他这失败的1/3而否定他的军事才能。

由此我们联想到自身，如果我们因为害怕失败而不去尝试，或者当失败后一蹶不振，岂不是失去了磨炼的机会？也就和成功无缘了吗？

其实，成功带给人的是荣誉与兴奋，而失败却带给我们教训和启示，能够促使我们思考和探索。从这个角度看，输会给我们指出一条新的道路，输其实也是一种赢。

在一次结业考试中，默克教授给一位将要毕业的学生打了个不及格的成绩，这件事对那个学生打击很大，因为他早已做好毕业后的各种计划，现在不得不取消，真的很难堪。现在他只有两条路可以走：第一是重修这门课程，下年度毕业时才拿到学位；第二是不要学位一走了之。在知道不能更改后，他大发脾气，向教授发泄了一通。

默克教授等他平静了下来后对他说："你说的大部分都很对，确实有许多知名人物几乎不知道这一科的内容，你将来很可能不用这门知识就获得成功，你也可能一辈子都用不到这门课程里的知识，但是你对这门课的态度却对你大有影响。我希望你现在要做的就是冷静下来，平静地接受这一次的结果。"

"你是什么意思?"这个学生问道。

默克教授回答说："我能不能给你一个建议呢？我知道你相当失望，我了解你的感觉，我也不会怪你，但是请你从内心里接受这件事吧。这一课非常非常重要。请你记住这个教训，五年以后你就会知道，它是使你收获最大的一个教训。"

后来这个学生又重修了这门功课，而且成绩非常优异。不久，他特地向默克教授致谢，而且非常感激那场争论。

"那次不及格真的使我受益无穷，"他说，"看起来可能有点儿奇怪，我甚至庆幸那次没有通过，因为我经历了挫折，并尝到了成功的滋味。"

这位学生通过一次失败的考试经历得到了历练，在品尝失败的过程中学会了"输得起"，最终让自己尝到了成功的滋味。

其实，在我们每个人的人生旅途中，没有一个人不会经历失败。面对失败，我们要具备百折不挠的意志，通过"输"来寻找当初奋斗的起点。当我们用输得起的心态来看待失败的时候，即使100次扑倒在地，也会有第101次站起来，才会真正赢得起！要知道，每一次的失败都把我们朝成功拉近了一步，而每一次的成功过后，我们又站在了一条新的起跑线上。真正的赢家懂得把成功垫在脚下，站在高处寻找更远的目标。

换个心态，用积极的暗示拯救命运

> 在通往成功的路上，等待着我们的是鲜花和掌声，还是狂风暴雨，我们都无法得知，但是，我们要知道如何面对随时会出现在眼前和发生的一切，特别是在灾难不请自来时，我们要学会接受一切、学会坦然面对，用乐观的心态积极面对困难。

在每个人的生命历程中不会一直都顺风顺水，逆境总是说不定在什么时候来到我们身边。

同样是面临逆境，为什么只有少数人能够成为强者，而多数人却始终待在弱者的行列呢？其原因无外乎大多数人只是在逆境的漩涡中苦苦挣扎而毁灭，或无奈地走向平庸。换言之，成为强者和沦为弱者的区别在于是否能够乐观地应对逆境。

某位名人曾说过这样一句话："所有的培养方法应该能够引起内在快乐的活动，不是因为能够得到外来奖励而快乐，而是因为它本身有益健康。"

看得出，这位名人通过这句话告诉他的学生及其他人：学习应是件快乐的事，而这种快乐与奖励无关，只是由于它本身对我们的身心有益。

实际上，不仅学习需要成为一件"快乐的事"，我们人生的方方面面都是如此。对同样一件事，如果我们怀着积极的心态面对，那么快乐和幸福就会向我们走近；相反，如果我们抱持消极的心态，那么不幸的厄运可能就会向我们走来。也就是说，我们对自己及自己周围的事物用什么样的心态来看待将决定其最终的走向和结果。换句话说，要想拥有理想的结果，就多让自己具备一些积极的心态吧。

宽阔的草原上，有几只黑斑羚正在悠闲地走来走去，然而它们不知道，此时正有危险降临到它们身上，因为距离它们不到100米的草丛中有一只成年雄狮正紧紧地盯着它们。

只见雄狮仔细观察了一下，找准了目标，然后像离弦的箭一样冲了出去，庞大的身躯卷动着篙草呼呼生风。

当然，黑斑羚也不是好对付的，在这种弱肉强食的恶劣环境中，它们显然已练就了敏感的识别能力。待狮子一冲出来，它们已然惊觉，于是迅速四蹄腾空，飞奔起来。可是，黑斑羚的速度是比不过狮子的，因此它们之间的距离越来越近。

就在这个时候，意想不到的事情发生了，黑斑羚竟放慢了速度，它们蹦跳腾越，姿势优雅，还不时地回过头去看看身后追赶它们的狮子，显得从容淡定。

此时，看到黑斑羚的这一表现，雄狮有些不知所措，它迅速地慢下了脚步，然后悻悻地看着黑斑羚，又追了二三十米，最终放弃了这次猎杀。

关于这一惊心动魄的场景，动物学家做出了这样的解释：黑斑羚很清楚自己的实力，它是怎么也跑不过狮子的。因此，它缓下脚步弹跳前行，只是给狮子造成了一种强大的心理暗示——我并不怕你，不过是在跟你嬉戏玩耍罢了。当狮子的潜意识里感觉到黑斑羚的无所畏惧时，所有的攻击野心与自信便瞬间崩溃。

看到这里，我们是否感慨颇多呢？身处现代生活中的我们又何尝不像其中的黑斑羚，同样也需要面对各种各样的对手，而面对对手时，我们需要参加的不仅仅是力量的比赛和速度的较量，而且也是一场自我暗示的心理较量。

也可以说，我们的内心能够给自己积极的暗示还是消极的暗示，将直接影响事物的发展、直接影响我们的成败。俄国心理学家巴甫洛夫认为：暗示是人类最简单、最典型的条件反射。暗示是人或周围环境以言语或非言语的方式向个体发出信息，个体无意识地接受了这种信息，从而做出一定的心理或行为反应。

非洲问题专家史怀哲博士在一份报告中提到：当地的非洲土人在孩子出生时，做父亲的会一直喝酒，喝得迷迷糊糊时会随口说出一大堆新生儿的禁忌，比如他说“香蕉”，那么以后“香蕉”就会成为这个孩子的禁忌。

土人们深信，如果这个父亲说的是“香蕉”，那么孩子长大后吃了香蕉就会死亡。有一次，土人烹饪香蕉后没有洗锅，就继续煮其他的菜。其中有一位土人也吃了这些菜，后来当他听到这个锅煮过香蕉，马上就脸色发青、抽筋，因治疗无效而死。

事实上，我们都知道他吃香蕉是不会死的，而这个土人如果不知道那个锅煮过香蕉的话，他也不会有事。

从上面这个故事中，我们就可以看到消极的自我暗示的威力有多么大。

一位心理专家这样说过：“所谓种豆得豆，种瓜得瓜，对于心态来说也是一样，在我们心里种下什么样的种子，就会有什么样的心情。事实上，这样积极的自我情绪会增强我们的信心和安全感。”

事实上，消极的自我暗示很容易误导个人的判断，进而使人失去自信心。消极的自我暗示使人对外界事物的认知形成某种心理定势，使人沉浸在幻觉当中不能自拔，或在为人处世中偏听误信，完全凭自己的直觉办事。而积极的自我暗示则能增强我们的信心，让我们获得安全感并且战胜眼前的困难。

可以说，积极的自我暗示是一种自我肯定，是对某种事物的积极的叙述，也是我们对正在想象的事物的一种坚定和持久的心态，它能让我们用一些更积极的思想和概念来替代我们过去陈旧的、否定性的思维模式，它会让我们立刻转变思路，变成积极的自我暗示：“我会很快恢复健康”、“我会遇到最理想的配偶”、“没事发生，只是我多想了而已”……

人们常说自己是自己生命的主宰，正是通过自我暗示的方法给自己最大的鼓励和支持，成为我们自己所希望成为的样子。而这，就是人对自己生命主宰的最恰当、最深刻的说明。

善于聆听，才能善于改善

在交流方面，耳朵的作用比嘴巴的作用还要大。不过听也是有学问的，只要我们掌握了其中的奥妙，就能够在交流中尽情发挥听的作用。

民间有句俗语："会说的不如会听的。"其实，在人际交往方面，听的作用还真是不亚于说。美国著名的外交家富兰克林曾说过："冷静的倾听者能受到人们的欢迎，而喋喋不休者就像一只漏水的船，使每个乘客都想尽快逃离。"教育家卡耐基说："做个听众往往比做一个演讲者更重要。专心听他人讲话是我们给予他的最大尊重、呵护和赞美。"

听之所以如此重要，是因为每个人都认为自己的声音是最重要的、最动听的，并且每个人都有迫不及待地表达自己的愿望，只有我们善于倾听，才能让对方感受到尊重，并对我们留下良好的印象。而我们也会通过倾听从对方那里了解更多的信息，进而增进自己对对方的了解，看到对方的优势，发现自己的不足。从这个角度来看，善于倾听不但有利于改善彼此的关系，还有利于改善我们自身认知事物的能力。

具体说来，认真倾听别人讲话有以下三点好处：

其一，会给人留下谦虚好学、诚实可信的好印象。在小说《傲慢与偏见》中，丽萃在一次茶会上专注地听着一位刚刚从非洲旅行回来的男士讲非洲的所见所闻，几乎没有说什么话，但分手时，那位绅士却对别人说，丽萃真是个知书达理的好姑娘！

其二，能避免说出不成熟的意见而造成尴尬局面。

其三，善于倾听的人常常会有额外收获，比如，蒲松龄虚心听取路人的述说后，得到了很多写作灵感，从而写出了流传后世的《聊斋志异》；唐太宗善于倾听众人的意见，收获了很多治国策略，从而成为万民拥戴的君主；齐桓公倾听鲍叔牙的建议而提拔管仲，从而成为“春秋五霸”之首；刘玄德善于倾听诸葛亮的计策，从而成功地鼎足于三国之中。

人际关系专家经研究发现，很多人没有好的人际关系，原因不在于说错了什么或是应该说什么，而是因为听得太少，或者不注意听所致。在人际交往中，说不一定能带来多少好处，但善于倾听却往往可以为我们加分，让我们交到更多的朋友，而且还有可能为我们赢得一些宝贵的机会。

国庆节的时候，刘浩智去外地旅游。在回来的火车上，他遇到高中同学吴晓茜。

两个人闲聊起来，刘浩智得知吴晓茜现在一家知名外企的上海分公司工作，这次是去北京出差。刘浩智感到奇怪，那家外企的门槛很高，没有丰富的工作经验或硬一点儿的关系是很难进去的。于是，他便问道：“你怎么这么厉害，能进入这家公司？”

吴晓茜笑了笑，说道：“其实，我进入这家外企纯属偶然。大学毕业那年，这家公司为了开拓日本市场，就到我们学校来招收一名日语专业的学生。我虽然不是读日语专业的，但因为二外是日语，会一些简单的日常对话，我就抱着试一试的态度加入了应聘的队伍。没想到，我竟然顺利通过了两轮笔试，进入最后的面试。轮到我面试的时候，主考官说了几句中文，让我与另外一个日语专业的学生进行翻译。之后，他就让我们两个用日语对话几分钟，话题由我们自己定。于是，我们就按照要求开始口语对话。对话一结束，我就觉得自己输定了，因为对方的口语说得非常流利。但出乎意料的是，主考官竟然宣布我是最后人选，让我一个星期后去公司参加培训。”

刘浩智疑惑地问道：“原因是什么？”

吴晓茜解释道：“我也问了主考官同样的问题，他说，在我们俩对话的过程中，我一直在认真地看着对方、倾听对方的讲话，并不时地点头表示认可，没有打断过对方，显得很有修养。而对方自认为是日语专业的学生，有些盛气凌人，说话也咄咄逼人，想在语言方面压制我，这让主考官很反感。而且，主考官还说了一句让我更意外的话。他说，他根本听不懂日语，让我们俩对话，就是想观察我们讲话的表情，从而判断我们的交际能力。他觉得我很符合要求，就决定将机会给我。”

可见，吴晓茜之所以获得这个炙手可热的职位，靠的正是自己善于倾听的做法。尽管在这次面试中，吴晓茜本是处于劣势，但是，她善于倾听别人说话的习惯为她扭转了局势，结果反败为胜，得到了很好的工作机会。

因此我们可以说，倾听对改善我们的人际关系和成就我们自身是有百利而无一害的。综观古今中外，很多人都是因为善于聆听而独具个人魅力，从而实现了自己的个人理想，倾听对于一个人的影响是极其重大的，倾听更是提升整体形象、增添个人魅力的法宝。

当然，倾听说来容易，做起来却不简单，它并不是只要我们用耳朵来接收对方的信息就可以，真正的倾听是要将耳朵、眼睛、神态结合在一起，用心体会对方的话语，这样才能达到有效沟通的目的。以下是几种倾听技巧，将其灵活运用，你就可以成为一个合格的聆听者。

首先，要做足“面子”上的功夫。“你的表情对对方的谈话总是在做出自然的会心呼应。”这是人际关系学中的观点。的确，我们的表情在倾听过程中也是至关重要的，正所谓“有动于衷必形于外”。例如，当我们的眼睛注视着对方，表明我们对他的谈话非常有兴趣；如果我们总是东张西望，就说明心不在焉，心早就跑到了九霄云外；而当我们有事想离开或觉得谈话内容很枯燥时，我们就会下意识地看表。所以，当聆听别人讲话时，我们一定要注意自己的面部表情，要展示给对方一张充满真诚的脸，这样对于我们和交流对象的互动可是大有裨益的。

其次，别光顾了“傻听”，也要适时地提个问题、做个评价。在倾听过程中，我们不能一直沉默不语，只是竖起耳朵听，这样，对方就会觉得自己在说单口相声，可能会因此而停止说话。我们应该适时地提个问题或对其所述做个评价，这可以表明我们不仅在认真倾听，而且对这个话题很感兴趣。比如：“真的有这种事情?”“你这个想法很有创意。”“如果你这样做，效果应该会更好。”等。

最后，别不懂装懂，有疑问赶紧问。有些人由于害羞、胆怯，在听别人说话的时候，有不懂的地方虽然很想弄明白，可碍于面子不好意思提问。可当对方问他的想法时，他就一时语塞，让自己很难堪。所以，如果没能理解对方话语的意思，或者对其观点有疑问，你就要及时说出自己的疑惑。一般情况下，对方是很愿意给予你更清楚的解释的。这样，你就可以理清有些混乱的思路，更好地倾听后面的谈话。而且，这样的提问会让对方知道你听得很认真、对他的话很感兴趣，从而让他有遇到知己的感觉，愿意与你交往。

此外，需要注意的是，当你认真去听别人说话的时候，可能免不了会有一些感到无聊的时刻，让自己心生疲惫。即便如此，你也不应该生硬地打断对方的谈话，或突然插进一句话转移话题，这是没有修养的不礼貌的行为，会让对方反感。你可以委婉地提醒对方时间不早了，表现出希望再约时间进行交流的意愿。这样，既不会对对方的自尊心造成伤害，也可以为下一次约见找一个合适的理由。

第7章 如果不是坚持信念，人生不会创造传奇

俗话说：“人活一口气。”而这口“气”，我们也可以理解为信念。换句话说，一个人只要持有坚定的信念，就没有做不成的事，就没有创造不了的传奇。因此，不管在什么时候、处在什么样的困境之中，我们都应该用自己的毅力走出生命的谷底，创造人生的辉煌。哪怕你认为自己已经筋疲力尽时，也要暗暗地激励自己：胜利就在不远的前方，只要坚持到底，就能创造奇迹。

人生可以被打败，但千万不能被打倒

胜败乃兵家常事，失败了没关系，关键是能否在失败后重新站起来。很多人之所以取得成功，是因为他们站起来的次数比他们倒下的次数更多。即使被打倒 1000 次，也要有第 1001 次站起来的勇气和信心。

世界上没有什么常胜将军，失败在所难免。面对失败，你能否以坚定的姿态重新站立起来，则是你能否创造成功的关键。海明威的《老人与海》里有这样一句话：你可以被打败，但不能被打倒。如果被失败击垮，那么你就没有机会去抓住未来的机遇，没有信心去重新让自己投入到战斗之中。只有在一次次失败后毅然坚持，不放弃、不抛弃，才能慢慢走向成功的巅峰。

20 世纪 80 年代中期，一个叫郑大清的 26 岁青年，怀揣着从亲朋好友处借到的 70 元钱踏上了去乌鲁木齐的火车。

尽管在旅途中一再紧缩花销，但车票是没办法省的，到了乌鲁木齐火车站的时候，郑大清身上只剩下一块两毛钱了，同时，他所有能用的家当就是一张在部队时用过的旧被子。

通过老乡的介绍，懂建筑知识的郑大清当上了建筑工地的班长，一天可以挣到五块钱。五块钱对于当时人均收入一两百块的社会环境来说，已经不算是个很小的数目了。

就这样，郑大清一年挣了一千多元。

尽管如此，郑大清并没有满足于现实，第二年春天，他就从老家带来了四十多个农民工，又从别人手里转接来一个小工程。

眼看着事业要起步，自己和兄弟们的日子好过起来的时候，不幸的事发生了，因为工程结束后，老板却跑了，郑树清一分钱都没有拿到，他只得把自己积攒的有限的积蓄分给自己招来的农民工兄弟，而他自己却连回家的钱都没有了。

一位朋友不忍心看他这样，就给了他五元钱，而这五元钱，郑树清花了十多天，这些天里，他每天只吃一顿饭。

面临着让人痛心的局面，郑树清没有趴下，他暗暗发誓一定要混出个人样儿。

第二年 3 月，郑大清终于等来了转机，和新疆制胶厂签订了 13 万元的厂房维修合同。8 月，郑大清按时按质完成了全部工程，受到了对方的称赞。其间，郑大清又接了几个小工程。年底的时候，郑大清发现，除去各种债务，自己竟然有了五万元的存款。1989 年，郑大清在乌鲁木齐站稳了脚跟，个人资产超过了 70 万元。

随后，郑大清又将钱投资到煤矿和商场，希望再赚大钱。可是，由于经验不足、决策失误，郑树清的煤矿和商场相继倒闭。

此时的郑树清又一下子成了穷光蛋，不但身无分为，而且还欠了一屁股债。

尽管如此，郑大清也没有被困难击倒。一年以后，他经过仔细考察，从朋友那里借来几十万元资金创办了新疆天地实业贸易公司。这次，郑大清从管理到经营，层层严格把关，依照现代企业管理制度稳扎稳打，终于，他的企业开始蒸蒸日上。

故事中的郑大清虽然遭遇了起起落落，但在多重打击面前，在巨额财富一夜间化为乌有的情况下，他没有像有些人那样颓然放弃，而是坚强地一次次站了起来，不屈地与命运进行斗争，这是因为在他心里一直有一股坚定的信念：他深信自己一定可以成功。最终，功夫不负有心人，郑大清重新站了起来，再次拥有了傲人的产业。

如此看来，失败其实没什么可怕的，面对失败，我们完全可以把它看做是上天给我们的一个机会，让我们可以认识到自己的欠缺，从而为下一次成功积蓄更多的力量。

和我们同处于这个世界上的兄弟姐妹，有太多的人都是和我们一样刚刚起步甚至白手起家，总会有一些人在历经千难万险后达到了成功的目的地。而这部分人，多是在跌倒后重新爬起来的人，因为他们知道，任何一个瞬间都是许多种结果的开始，只要自己不被打倒，就没有战胜不了的困难，就没有实现不了的成功。

不可否认，当遭遇失败的打击的时候，我们会在刹那间产生被“打”晕的感觉，觉得自己真的不行了，干脆认命得了。但实际上，这种感觉只是那么一瞬间，如果我们熬过这一小会儿，就会看到新的希望，充满新的前进的力量。

人生只有一种失败，那就是半途而废

成功励志大师陈安之说：“成功者只占 3%，普通人占 97%。”这两者之间最大的差别是——前者习惯了坚持，后者习惯了放弃。人生一切的坚持与放弃，都是从一个目标、一个决定开始的。

一位培训师在一次培训课堂上对学员们说道：“人的成功有两个重要的因素，一个是好的习惯，另一个就是不断坚持下去的毅力。”

我们都渴望成功，但结果往往是只有极少数人站到了成功者的队伍中，大多数人还是身居平庸者的行列。之所以如此，根本的原因在于前者做到了坚持、坚持、再坚持，而后者多是遇到困难就退缩，半途而废。

因此，若想成功，其中必不可少的一个因素就是不断地坚持，只要不断地坚持，就终会有看到希望、迎接曙光的一天。

美国海关进行了一次拍卖会，拍卖的是一批刚刚被截获的走私自行车。

每次，当拍卖师叫价的时候，一个坐在前排的大约十岁左右的小男孩总是先叫道："十块。"当然，别人并没有因为他出了十元，而放弃竞争，小男孩只能眼睁睁地看着别人用20块、30块的价格把一辆辆崭新漂亮的自行车拍走。

拍卖师渐渐地注意到了这个每次只叫价十美元的小男孩，于是在中场休息的时候，拍卖师走到小男孩面前问他为什么每次只出十元，小男孩不好意思地挠了挠头，说自己只有十元。

拍卖会继续进行，小男孩每次仍然只叫十元，每次也都看着别人把一辆辆亮晶晶的自行车推走。终于轮到了最后一辆自行车，这是拍卖会上最好的一辆自行车——车的前排有两盏灯，全自动的刹车和可多挡变速的车身在灯光下闪闪发光。

拍卖师开始叫价了，不过小男孩却沉默了下来，现场静悄悄的，没有一个人应声；拍卖师叫了第二遍，还是没人应价；第三遍，那个小男孩这时也几乎绝望了，他看着那辆全场最好看的自行车，最终还是小声地叫了出来："十块。"

全场的人都听到了，拍卖师把锤子重重地敲下去，大声地说："如果没人再叫价的话，这辆多变速的自行车就属于这位身着短裤的小男孩了。"

顿时，全场响起了雷鸣般的掌声。

其实，我们在面对困难时，也可以像小男孩一样，坚定地走自己的道路。这样，成功和喜悦一定会属于我们。

相信自己的选择、坚持走自己的路，不要半途而废，这就是人生的一种境界。

一百多年以前，一艘英国商船因为触礁而沉没于马六甲海域。

这艘船是从我国广州港驶出的一艘货轮，上面装满了名贵的丝绸、瓷器及珍宝。

前些年，一位名叫鲍尔的人偶然从一份资料上得到这个信息后，下定决心打捞这艘沉船。这对于任何一个人来讲都是十分艰难的任务，当时很多人也认为鲍尔会中途放弃。

但是，鲍尔却出人意料地坚持在深深的海底摸索了漫长的八年，总共探索了七十多平方公里的海域，而结果是，他找到了这艘沉船。

找到沉船只是迈向胜利的第一步，接下来的工作更是艰难，因为打捞的耗资是巨大的。打捞工作刚开始了30天，就花去了几万元。鲍尔的两位最初的合伙人认为无望而离去，其中有一位好友几次加入又几次离去，并一次次地劝说鲍尔放弃这个“疯狂”的念头。可是，鲍尔却一直坚持了下来，他坚决不放弃这次打捞。终于，在坚持了许多天之后，鲍尔迎来了成功的这一天。

事后，当鲍尔接受记者采访时说，自己曾经也有过放弃的念头，每一次精疲力竭地从海底潜回时，他都想永远不再下去了。但是这种念头瞬间闪过之后，他又为自己注入了新的动力，强迫自己坚持了下来。

鲍尔打捞沉船的勇气令人敬佩，更让人敬佩的是他没有中途退却、一直坚定不移地坚持下去的精神。正是因为有了坚持，鲍尔才历尽千难万险，实现了自己的目标。

其实，做任何事都离不开坚持这一成功所需要的基本素质，只要一次又一次地坚持下去，那么成功就会向我们走来；相反，哪怕只有一次轻易地放弃，失败就会悄悄地跟随着我们。

在艰巨的任务面前，有的“聪明”人善于走捷径，一旦发现走不通，就会换一条路，结果换来换去，几十年都没能走完其中的任何一条路。忙忙碌碌了一生，到头来还在路上。

在我们的中学课本里有个“愚公移山”的故事，故事中的愚公和他的儿孙们搬走了整座大山，他所具备的正是坚持的毅力和精神。著名作曲家贝多芬坚信耳聋也能听到美妙的音乐，为此，他坚持创作，终成一代音乐大师。看得出，这些人都是选定了自己的路，然后坚定地走下去，并没有因为遇到困难而半途而废。

因此，只要你不放弃，随时完善自己的不足，看准了方向就坚持走下去，那么终有一天你会不经意地发现，成功已经向你款款走来。

坚忍不拔是实现梦想的金钥匙

坚忍不拔是我们一生中最重要的品质，因此，我们应努力把眼前的事情做好，只要坚持下去，就相当于在不停地为自己创造比别人更好的机会和运气。

有人认为，实现梦想靠的是运气、是背景，或者其他。但实际上，实现梦想最需要的并非这些，而是持有坚忍不拔的毅力。

吴承仕先生说过这样一句话："学习这件事不在乎有没有人教你，最重要的是在于自己有没有坚持下去的恒心。"

学习如此，做人做事亦然。

我们可以想想看，很多时候，我们无法实现自己的梦想，与成功失之交臂，是因为我们智商低吗？是因为我们运气差吗？答案多是否定的，最根本的原因是因为我们缺乏坚忍不拔的毅力。

对于这一观点，军事家拿破仑用他的一句话做出了精辟的概括："达到目标有两种途径——势力与毅力。势力属于少数含着金钥匙出生的人，而毅力则属于所有坚忍不拔的人。”

由此可见，就算一个人没有显赫的家世，没有大把的金钱，但是只要他拥有坚忍不拔的毅力，照样可以让自己步入成功者的殿堂，因为坚忍不拔本身就是一把开启梦想之门的金钥匙！

作为第七届国家马拉松赛的冠军，罗塞尼奥在接受记者采访的过程中，被一位记者问道：“马拉松是一项考验耐心的运动，是什么力量支持你坚持到最后的呢?”

罗塞尼奥没有直接回答记者的提问，而是向记者讲述了一个关于自己的真实故事。

在罗塞尼奥上中学的时候，他参加了一次学校举办的十公里越野赛。刚开始，罗塞尼奥跑得非常轻松，然而过了一段时间，他开始感觉有些体力不支，越来越跑不动，此时，罗塞尼奥非常想停下来歇一会儿、喝口水再继续跑。

正在这个时候，一辆学校的巴士开了过来，这辆校巴专门负责接送那些跑不动的学生。当时，罗塞尼奥很想跳到车上，但是他看了看脚下的路，终于忍住了。

又跑了好长一段时间，他感到汗水已经滴进了眼睛里，心脏剧烈跳动，两条腿就像灌了铅一样，想停下来休息的欲望越来越强烈，而正在这时，第二辆校车开了过来，罗塞尼奥再次压制住跳上车的欲望，继续前进。当他跑到一个小山坡的时候，已经觉得眼冒金星，两条腿好像不再属于自己了。眼前的这个小小的山坡对于他来说简直就是珠穆朗玛峰，他彻底绝望了。

因此，当第三辆校车开来的时候，他丝毫没有犹豫，跨了上去，然而，令人意想不到的事情发生了，校车开过小山坡，拐了个弯就到了终点。当看到终点的那一刻，年轻的罗塞尼奥别提有多后悔了，他想，如果自己再有毅力一点儿，再坚持哪怕一分钟，来个终点冲刺，就能凭着自己的力量，越过山坡，到达终点。

正是因为这次的经历，在以后的每一次比赛中，每当罗塞尼奥觉得自己筋疲力尽，快要放弃的时候，他就不断地给自己打气：“兄弟，要坚持、要有毅力，前面也许就是终点了。”

就这样，罗塞尼奥一直跑到了世界冠军的领奖台上。

其实人与人之间的差距并不大，那些在各个领域卓有成效的人，往往是那些有着坚忍不拔的毅力的人。甚至我们也可以说，成功并不是什么遥不可及的事情，把自己“经营”成好品牌也并不困难，如果你想要达到你预定的那个目标，实现你的理想，那你就应该在日常生活中有意识地培养自己坚忍不拔的毅力。

在美国华盛顿山上有一个石碑，上面的内容告诉人们，这里曾经是一个女登山者死去的地方。而这位女登山者苦苦寻觅的“登山者小屋”就在距离她不到 100 米的地方，如果她有足够的毅力，能多走 100 步，就能活下去，然而她却放弃了。

不管是女登山者还是年轻时的罗塞尼奥，我们都为他们体会到一种遗憾。然而我们自身又何尝不是时常陷入这种缺乏坚持的懊悔当中呢？其实，人的潜力是无穷的，只要有坚持到最后的恒心和毅力，就会发生奇迹，那些潜藏在我们体内的潜能就会被唤醒，引领我们走出当下的困境，走向成功。

所以说，不管在什么时候、处在什么样的困境之中，我们都应该用自己的毅力走出低谷，赢得人生的辉煌。当你认为自己已经筋疲力尽时，不妨暗暗地激励自己：胜利就在不远的前方，只要坚持到底，就能创造奇迹。

请相信，当你多了一分毅力，多了一分坚持，那么你就多了一分成功的可能。所以，在日常生活中，你要有意识地培养自己坚忍不拔的毅力，面对困境咬牙挺过去，这样你才能如愿以偿，摘得胜利的桂冠。

成功，就是让梦想和信念成为伴侣

> 成功不是属于有才能的人，而是属于有梦想的人。只有你的心中始终被梦想填满，你前进的步伐才会更加坚定，才不会在一次次跌倒中颓然不振。

小的时候，我们时常被问到“长大了要做什么呀”一类的问题，其实这是大人们在“试探”我们的梦想。

长大后，有的人忘记了曾经的梦想，有的人虽然记得，但因为遇到阻碍便退缩了，只有少部分人不但坚持了梦想，而且怀着强大的信念让自己实现了梦想。

不用问，我们都希望自己能成为后者中的一员。可是，我们是否具备这样的素质呢？

看看古往今来，有梦想并且有坚持梦想的信念在每一个伟大人物的身上都得到了完满的体现。正是由于持之以恒地坚持梦想，才让人们实现了一个又一个目标，创造了一个又一个辉煌。“长风破浪会有时，直挂云帆济沧海”让我们看到了伟大诗人李白的梦想所在；“老骥伏枥，志在千里；烈士暮年，壮心不已”道出的则是一代枭雄曹操的梦想；抗金英雄岳飞则用“壮志饥餐胡虏肉，笑谈渴饮匈奴血”来抒发自己的雄心壮志……

如果说没有梦想就没有方向，那么如果仅有梦想而没有信念，则相当于一部汽车有前行的方向，却没有足够的汽油。所以，要想让梦想成为现实，我们不但要有目标、有方向，更要有驱使自己前进的信念。

只要坚定不移地按照自己既定的方向走，永不言弃，就有实现梦想的那一天。因为有梦想、因为有信念，所以不放弃，所以最终会走向了成功。

诚然，具备梦想对我们来说或许不是难事，但是在实现梦想的道路上，却常会遇到各种困境和挫折。在挫折与困境面前，有的人可能因此萎靡不振，认为自己低人一等；有的人可能发挥自己的聪明才智，想方设法克服解决，这其中的关键就是看他们对待这些困难和挫折的态度，以及是否具备战胜困难的信心和勇气。

这份信心和勇气其实就是促使我们实现梦想的信念，它们好比是支撑房屋坚固不倒的大柱子，撑起了我们精神领域里广阔的天空。它们还像一缕阳光，驱散了因为失败而迷失的我们眼前的阴影。

是的，因为梦想和信念让我们具备了战胜一切挫折的勇气，我们的内心会因此而发出强烈的呼号：没有什么能将我打败，没有什么会把我击垮！一位西方国家的首脑曾对该国的青年们说："每一次经历都在塑造你。我只能坚定信心、保持积极。人生最重要的是要在逆境中坚持下去。"

诚如其所言，只要你胸怀梦想并坚定信念，保持积极的态度，就没有什么艰难险阻能把你阻挡。可以说，胸怀梦想，给强者指路；坚定信念，为勇者加油。因此，我们要说，让我们胸怀梦想、让我们坚定信念，如此，你将会有取之不尽、用之不竭的力量。

机遇永远都在下一秒钟

养成坚持不懈的习惯，要善始善终，更要经常磨炼，是一项长期而艰巨的任务。在这个过程中，切不可一时放松就对自己让步，因为有了第一次就有第二次，长此以往，所谓坚持不懈就会变成一句空话。

在一个纪录片里，有着篮球飞人之称的乔丹对着镜头说道："我曾经被罚球1800次，腿伤、肩伤、关节痛达3300次，投篮未中达9900次……但是我坚持下来了！"著名的成功学培训讲师陈安之也说："你只要重复不断地思考事情，并且相信它，它就可以变成真的。"无独有偶，国际影星史泰龙在拍第一部电影之前，曾被各个电影公司拒绝了1855次，对方给他的答复都是他不是当演员的那块料。

诸如上面三位这样卓越的人物都有一个共同的习惯，那就是坚持。很多事情的失败，并不是因为当事者自身能力的缺陷，而是因为他们没有坚持到最后一步。

多年前，美国的一所园艺所贴出一份启事，其内容是高额征求纯白色金盏花。很多人看到令人心动的金额数字纷纷趋之若鹜，可是，很多年过去了，由于这种花的培植难度太高，一直没有人成交。

突然有一天，园艺所意外地收到一封信，随信一同寄来的还有一粒纯白色金盏花的种子。

原来，这封信是一位十分热爱花卉的老妇人寄来的。当年，看到那份启事后，她便种下了一些最普通的种子，精心侍弄着。

一年之后，金盏花盛开了，老妇人从那些金色的、棕色的花中挑选了一朵颜色最淡的，任其自然枯萎，以取得最好的种子。

第二年，她又把它们种下去，然后再从这些花中挑选出颜色更淡的花的种子栽种。

就这样，日复一日、年复一年，春种秋收，周而复始，老人的丈夫去世了，儿女远走了，生活中发生了很多的事，但唯有种出纯白色金盏花的愿望在她的心中根深蒂固。

终于，很多年后的一天，她在那片花园中看到一朵金盏花，它不是近乎白色，也并非类似白色，而是如银如雪的白，她顿时惊喜万分：这不正是那家园艺所征求的花吗？

至此，一个连专家都解决不了的问题，经过一个老人长期的努力，最终解决了。

为了一粒种子坚持不懈努力了很多年，这需要怎样的毅力？恐怕是常人难以想象的。但是，一个老妇人却做到了，她用一种超强的耐心矢志不移地追求下去，最终收获了奇迹。

这样的坚持不易，因此能做到的人也就寥寥无几，但是只有坚持者才能得到如此礼遇。因为坚持，刘禹锡历经了“二十三年弃置身”的悲苦后，终于修炼成“出淤泥而不染”的清莲；因为坚持，苏东坡身陷“乌台诗案”而坚持写出“老夫聊发少年狂”；因为坚持，柳永全然不顾衣带渐宽而留下了千古佳话；因为坚持，才使得曹雪芹举家食粥却写下了不朽的《红楼梦》……古往今来的圣贤们用他们的亲身经历告诉我们：唯有坚持才能创造奇迹，才能收获成功。

对于大发明家爱迪生，我们都不陌生，他的成功同样离不开“坚持”带来的力量。

在研制白炽灯时，爱迪生尝试了上千种材料，但是均以失败而告终。对于这样的经过，爱迪生遭到很多人嘲笑，有人说："你永远不会成功的，别费劲儿了。"

但是，爱迪生却不为所动，他沉下心，坚持废寝忘食地进行研究，终于，他成功研制出世界上第一盏电灯，给自然界带来了光明。

除了电灯，还有一项发明让爱迪生在发明过程中遇到困难最多、耗费时间最长，那就是蓄电池。整整15年的时间，在历经五万多次失败后，爱迪生才将蓄电池研制成功。

期间，很多人都劝他不要尝试了，特别是看到他遭到无以计数的失败后，人们替他感到沮丧，可爱迪生自己却不以为然，他乐观地说："我想，'自然'它并不是无情的，它一定不会永远深藏着蓄电池的秘密。"

终于，爱迪生成功了，他研制的蓄电池被用于火车、轮船上，成为发电厂的电力，甚至直到今天，人们还在使用这种蓄电池。

看得出，如果爱迪生没有五万多次的坚持，我们至今或许还用不上蓄电池。的确，能够像爱迪生这样将一件事情坚持到底是着实不易的，也不是一般人能够做到的。对于这种坚持跑到终点的人，我们都应该向其竖起大拇指，同时更要学习他们这种劲头。只有这样，我们才不会成为一个毫无建树的平庸之人。

俗话说："锲而不舍，金石可镂。"任何豪言壮语都恰似漂浮在天空的云雾，只有坚持才是迈向成功的基石。

每个人离成功都只有一步之遥

运气人人都会有，但上帝没有告诉你它具体的到来时间。有些人的运气到得早一点儿，煎熬少一点儿，有些人的运气到得晚一点儿，也更辛苦一点儿。但你必须一直在努力，再艰苦也要坚持，否则运气不会垂青于你。

每一个成功的人都有这样的认识：获取成功并不是一件简单的事情，它需要不断地付出艰辛的努力。只要能够坚持，只要不屈不挠，其实距离成功只有一步之遥。

曾经的英国首相丘吉尔曾说：要看到日出，就要坚持到拂晓；要看到成功，就要坚持到最后。成功的秘诀就在于坚持。著名剧作家莎士比亚也说：“千万人的失败在于做事不彻底，往往离成功还差一步便终止不再做了。”

以上二人的话都说明了，一件事的成功与否，往往并不在于力量的大小，而在于是否能坚持到最后一步。在某一段路上行走，越到最后越难走，但这最难走的最后一段路恰恰也是最关键的一段，因为，也许你的下一脚就会迈到成功的彼岸。可惜，不是所有人都能坚持到那最后一脚，总是有人在第 99 步时放弃，从而导致功亏一篑。

可见，这种万事皆备而只差最后一哆嗦的做法是十分不划算的，这就相当于吃一块中间夹着奶油的苦面包，你把所有苦头都吃尽了，等到终于有甜头可以吃时，却不敢再继续咬下去。

1952年，世界著名的游泳健将弗洛伦丝·查德威克，一鼓作气地从卡德林那岛游到了加利福尼亚海滩。为了再创纪录，在多年后的一天，她开始横渡英吉利海峡。

那天是大雾天气，在海里已经泡了15个小时的她，看不清自己距离海岸还有多远，忍不住想要放弃了，当脸已经冻得发僵时，她向一直伴随着自己前行的游艇喊道："快拖我上去吧，我实在坚持不住了。"

小艇上的人鼓励她说："再坚持一下吧，离海岸只有一英里远了。"

但当时，四周一片白茫茫，弗洛伦丝全身一阵阵发寒，她看不清海岸，甚至看不清小艇，她以为小艇上的人在骗她，便再三请求拉她上去。

最后，筋疲力尽、全身发抖的弗洛伦丝被拉上了小艇，但很快，她就发现小艇上的人并没有骗她，离海岸真的只有一英里远。

几天后，弗洛伦丝告诉记者："如果当时我能看到海岸，或者相信'离海岸只有一英里远'的劝告，我就一定能游到终点。但那天雾太大了，我什么也看不到，这让我放弃了坚持到最后一步。客观地说，阻止我成功的不是浓雾，而是我内心的疑惑。"

两个月后，弗洛伦丝再次尝试游向加利福尼亚海岸。那天依旧是大雾天气，海水也依旧冰凉刺骨，身处一片白茫茫中的弗洛伦丝暗暗告诉自己，这次无论如何也要坚持到最后。又是十几个小时过去了，被冻得嘴唇发紫的弗洛伦丝坚持不懈地向前游着，虽然看不见海岸，但她相信海岸就在不远的前方。

最终，她成功了。她告诉身边的人：要想让梦想变成现实，首先就得相信这个梦想一定会实现，并且，你要为了梦想坚持到最后一步。

没错，要想实现梦想、获取成功，我们就必须坚持到最后一步。尽管在实现梦想的道路中会出现各种各样的挫折，但拦住我们的不是这些表面上的"拦路虎"，而是我们内心的恐惧。如果我们能打败我们的怯懦，沿着自己的既定目标一路走下去，就一定会走到胜利的终点。

因此，我们不要轻易说自己已经尽力了，看看曾经站在同一起跑线上的人，他们是不是已经远远把你落下？如果有人走在你的前方，你就应该相信你也可以再多走一步、再多试一次。也许，仅仅是这一步，就让你悄然蜕变。

一位叫凯文·理查德的年轻人因为一次意外，被学校开除了。

为了生存，他不得不跑到德克萨斯油田找了一份工作。工作一段时间后，他渐渐对野外钻探业产生了浓厚的兴趣，立志当一名独立的石油勘探商。

当腰包里攒了几千美元后，凯文·理查德就真的去租赁设备，钻井取油，但很遗憾，他第一次钻井就挑到了一口枯井。

不过，这并没有让凯文·理查德打消心中的理想。在接下来的两年中，每当攒下一部分钱，他就去钻井。在两年多的时间里，他打出了29口油井。可是，上帝似乎喜欢和他开玩笑，这些井全部都是枯井。

尽管如此不顺利，凯文·理查德还是在坚守着自己的理想，他在自己的理想之路上艰难前行。可是，直到年近四十，他还是一无所获。

在痛定思痛后，凯文·理查德专门攻读了地质结构、油层模型以及其他方面的地质学知识，以此提高钻井的成功率。在理论知识的帮助下，他又租来一块地皮进行再一次的钻探。

这一次，凯文·理查德的脚下不再是枯井，而是巨大的油藏。

凯文·理查德用坚定的信心战胜了“枯井”，找到了油藏。如果他在第29次打出枯井后放弃，那么他将永远与后来的油藏无缘。但是可喜的是，他迈出了这一步，最终找到了油藏，也找到了那个叫“成功”的宝贝。

《战国策》中有诗曰：“行百里者半九十。”就是告诫世人末路很艰难，100里路，走了90里，只能算一半，人们要用充沛的精力，一鼓作气将剩下的路走完。走同一段路，成功者与失败者最大的区别，或许就是前者坚持不懈地把路走完了，而后者却在最后几步泄气了。

客观地说，凯文·理查德在生意场上遭受的失败不比任何人少，但他一直坚信，也许下一次挖到的就不再是枯井。正是这种“再试一次”的信念让他最终获得了石油，他开采出来的石油也源源不断地为他积累了财富。

诚然，通往成功的路上总是密布着众多的荆棘，失败不可耻，失败了不敢继续向前才是真正的可耻。请审视一下自己，看看自己因绝望和艰难而停步时，是不是真的无法再向前走一步？无论答案是怎样的，你都要告诉自己再试一次，如此就让自己多了一次成功的机会。只有再试一次、再跨出一步，你才能超越自我，迎来梦想实现的那一刻。

有走出困境的信心，就不怕黎明前的黑暗

任何人都会遭遇困境和麻烦，但是面对困境和麻烦，如果你持有信心，不被眼前的挫折打倒，就没有什么可以伤害你。只要走出黎明前的黑暗，终会迎来一片阳光灿烂。

困境当头，有的人持有信心，并采取行动突破困境，有的人畏缩不前，对前景忧心忡忡。

那么到最后，哪一种人能屹立时代潮头，成为众人瞩目的焦点呢？答案当然是前一种人。

有这样一句话："努力了不一定成功，但不努力一定不会成功。"其实，面对困境的态度，同样是考验我们是否肯努力、是否在努力。

智者告诉我们："人可以通过改变自己的心态去改变自己的人生。"换句话说，我们有什么样的心态，就会有什么样的生活方式，就会有什么样的心

情。只有拥有好的心态，才会有好的心情，有了好的心情，才会用心做好身边的每一件事。

那么，什么叫好心态呢？简单说来，就是正确认识人生、认识自己。要知道，生活是不可能按照我们的意愿去进行的。有时候，我们认为明明应该是这样的，可事实往往是另一个样子，这就是生活。所以，好的心态就应该是不以自己为生活的坐标，接受现实、改变自己。只有这样，我们才能享受生活、感受幸福。

刘熙梅从四年前毕业后，就来到现在这家规模较大的地产公司工作了。这四年里，刘熙梅从最开始的业务员做到了现在的业务经理，每个季度的业绩都是全公司的前三名。

由于她出色的表现，深得老板的器重，同事们有难对付的客户也都习惯求助于她，手下的员工们也尊重她，这使她的人气很高。

在刘熙梅看来，这个季度的区域经理人选非她莫属了。她所在公司的人事升迁制度是内部升迁，按业绩排名和综合成绩择优挑选。也就是说，刘熙梅现在的级别是业务经理，如果顺利的话，那么按照她的业绩，这个季度她就可以升任区域经理了。

因此，自从升迁的消息传出来之后，刘熙梅就感觉同事们都在有意奉承甚至巴结她，她自己为此也有些得意扬扬，毕竟自己还不到30岁，如果能做到区域经理，在这家公司还是破天荒的事。

很快，人事部让她去领取业绩考核单了，并且让她核实了自己的个人资料。看来，马上就要宣布任职通知了。想到这里，刘熙梅不禁高兴得心花怒放。

可是，让刘熙梅乃至所有人没想到的是，升任区域经理的居然是另一个人，大家都不明白为什么理所当然的刘熙梅落选了。得到这个消息后，刘熙梅的情绪开始急转直下，强烈的挫败感让她觉得难以再在这家公司工作下去了。

看得出，刘熙梅是个在工作方面很优秀的女子，可是就因为习惯了这种优秀，让她难以接受出乎意料的挫败。

可是，我们再想想，生活中，这样的事岂不是很多见吗？很多事看上去是理所当然的、是必然的，于是人们就理直气壮地去主观判断、下结论，然后按照自己主观的想法去行事，这样做的结果往往是到最后出现出乎意料的情形，事情没有按照自己的认识、意愿和判断去发展，甚至朝着完全相反的方向发生了。这时候，大多数人都是无法坦然接受这样的事实甚至打击的，于是就影响了自己原本积极的心理状态。

其实，在现实生活中是没有所谓的“想当然”的事情的，每个人的人生都有很多条路要走，但不管你走的是哪一条路，困难、艰苦与其他意想不到的局面都可能会出现，都不会以你的意志为转移。

因此，你不能随意对生活下结论，不能把自己置于一个注定、安稳的想象环境下，更重要的是不必动辄改道或临阵脱逃，唯有坚持下去，才能建立起坚强的信心，获得最后的胜利。假如在一件事情上你已经付出了很多努力，那么即使遇到困境，即使暂时的结果和你的想象和期待大相径庭，你也不应轻易放弃，也要坦然面对。只有这样，你才不会前功尽弃，才不会在黎明前的黑暗中倒下。

敲响心灵的战鼓，把职业当成事业来做

对待一件事情的态度，决定了这件事情所给你带来的结果。如果你能把工作看成自己的事业，那么你必将从中发掘到最强大的自己。

同样是在工作岗位上，有的人用混日子的心态来过，做一天和尚撞一天钟；有的人勤勤恳恳，但只顾及自己分内的那点儿事，或者把工作就当成工作；还有的人，即便身处最普通的岗位，他们也兢兢业业，努力发掘自己的潜能，让自己的能量最大化，为企业效力。

前一种人纯属寄生虫之流，我们不去谈论。第二种人虽然认真工作，但不会有太大的突破，只能算个普通的员工。只有第三种人，他们把工作当做事业，最大限度地发挥自己的水平，为自己、为企业创造最高的价值。

常言道："你以什么样的态度来对待生活，生活就会以同样的态度来对待你。"其实，工作同样如此。这三种人的不同结局均源自其一开始持有的态度。毫无疑问，只有那些敲响自己的内心战鼓、把职业当成事业来做的人才能够出人头地，进入成功者的群体。

我们先来看一个故事。

一个为公司工作了几十年的老建筑工程师准备退休，在退休前，老板请他最后为公司完成一项工程。

老建筑师的心早已不在工作上，心想，都要退休了，老板还不忘最后剥削自己一次。虽然他口头答应，可是心里非常不乐意，所以工作起来就非常不认真，在材料上偷工减料，设计上也缺陷颇多。

经过几个月的赶工，最后终于完工了。老板把老工程师叫到跟前，把房子的钥匙交到了他手里，并微笑地说道："这房子送给你了，这是你为公司工作这些年来的回报。"老工程师顿时傻了眼，哭笑不得。

这则严肃的"笑话"让我们猜想到，当老工程师听到那座自己盖的豆腐渣工程是给自己的工作回报时，估计他的五脏六腑都悔青了。早知道是为自己盖，又怎么会如此马虎呢?

看到这位老工程师的愚蠢之举，我们也应该想想，其实我们每个人都有可能是这个老工程师。我们工作到底是为了什么？回答也许不外乎如此：为了生存、为了挣钱、为了养家糊口、为了更好地生活等。

诚然，这些工作的目的无可厚非。工作是我们每个人的立身之本，通过工作，我们可以获得金钱和生活的保障，这是最为直观，也最为基础的自我满足。人要生活，就必须要有物质的支撑，而物质的获得又和钱是分不开的。没有钱，一切物质条件都无从谈起。我们为老板工作，付出自己的劳动，老板就会支付我们相应的金钱报酬，我们的生活就有了物质的保障。无论你的工作是何种、出于什么目的，挣钱的目的是无法摆脱的，但是仅仅是挣钱就够了吗?

答案当然是否定的。因为仅仅以更好地生活为目的还远远不够，很多人就是因为只抱着这么简单的目的而致使工作出现了问题。但是，如果我们把工作当做一项事业来看待，情况就会完全不同了。

殷一成高中毕业后，由于家里条件不是很好，就没再复读，而是找了一家超市做运送工。可以说殷一成的工作是超市中最基层的工作，而且也是最累的工作，这让一些同事很看不起他，也可以这样说，如果公司要辞掉一些人的话，殷一成这样的人是最先被辞掉的。然而，出人意料的是，不久后，殷一成竟然成了老板眼中最有价值的员工。殷一成是怎样做到的呢?

原来，是殷一成的敬业精神帮了他。从进入超市的第一天起，他就表现得勤快又能干。每天干完自己的工作就已经很累了，但他还是闲不下来，他经常告诉包装部门的经理："我把货物搬完之后可以帮助你们包装，还能多了解一些你们部门的工作。"殷一成就这样，经常把自己大把的时间花在帮助别人方面，有时候下班了，还在帮助别人工作，他还跟畜产部门经理说："我希望有空时来这里向你学习，了解你们包肉和保存的过程。"之后，他又分别到烘焙、安全、管理、清洁甚至信用部门帮忙。

几个月后，殷一成几乎走遍了公司的所有部门，每个部门的工作，他几乎都做过，一旦某个部门员工有事请假，部门经理第一个想到的就是让殷一成来顶替。不到两年时间，殷一成就升了职，而且被认为是公司最有希望的年轻领导。

把职业当事业做，就是一种敬业，是作为一个员工必不可少的精神力量。当敬业意识深植于你的脑海里，你做起事来就会积极主动，并从中体会到快乐，从而获得更多的经验和取得更大的成就。从短期来看，这种敬业不会让你取得巨大的成功，然而一旦缺乏敬业精神，将会使你离成功越来越远。

毫无疑问的是，把职业当成事业来做的人，通常能从工作中学到更多的经验、积累更多的知识，这些便是其日后发展的垫脚石，无论以后做什么工作都会助他们一臂之力，把敬业当成习惯的人也更容易获得成功。

在一个铁路建造工地上有两个工人，一个叫李斯特，另一个叫约翰逊。

一天，他们遇到一个人，向他们询问了这样的问题："你们在做什么？"

李斯特说："我在修铁路。"

约翰逊却说："我正在建造世界上最富特色的铁路。"

20年后，约翰逊成了铁路公司董事长，而李斯特仍为铁路工人。

这时候，又有人半开玩笑半正经地问李斯特，为什么约翰逊成了董事长，你还要在大太阳底下工作？李斯特说了一句意味深长的话："20年前，我为每小时挣1.75美元的工资而工作，而约翰逊却为铁路事业而工作。"

通过这个故事，我们可以发现，李斯特和约翰逊虽然做的都是同样的工作，但是为了工作而工作和把工作当成事业来做，结果是截然不同的。

回过头来看看现实生活中的我们，又何尝不是如此呢？对于工作，我们不仅要把它当成一项事业，更要把它当成一种体现自己价值的机会。只有带着这样的心态去工作，我们才不会成为工作的奴隶，而是让工作成为自己的一种浓厚兴趣，成为自己生命中的一种内在的需要。这时候，我们就会把工作看作是一种快乐，我们的生活也会因此而变得很美好。

当然，在把工作看成是一种快乐、把职业看做一份事业的同时，我们还要让自己具备顽强的毅力，因为人的理想和奋斗目标是通过工作实现的，在实现理想和目标的过程中，遇到这样或者那样的困难在所难免，只有把困难当做磨刀石，披荆斩棘、坚定不移，才能走向成功。

因此，我们要认识到，自己不是为了环境而工作，也更不是为了老板而工作，我们是在为自己事业的发展添砖加瓦。如果我们带着这样一份信念来对待自己的工作，那么我们就会为了这项事业的发展而充满持续的热情，为之不懈努力与进步。

做自己就好，不要被他人的态度所束缚

别人怎样看我们不重要，重要的是我们自己怎样看待自己。只要我们不被他人的想法、看法所左右，我们就活出了真正的自我。

受自尊心的驱使，不少人都怕被人瞧不起，在他们的意识里，会觉得这个社会现实得要命，哪怕一点点的缺点都可能被无限放大；觉得这个世界人情淡漠，一旦看到不入流者或者不如自己的人便冷嘲热讽。

对于这样的认识，我们不置可否。或许社会是变得冷漠了，但并不能因此就认为所有人的价值观都是扭曲的。好好回想一下，你有没有过这样的经历：当面对他人的轻视或者挖苦时，自己是不是非常自卑？把别人的评价当“圣旨”，觉得自己就是那个样子了？

可到头来怎样呢？在这种心理的影响下，你会越来越在乎别人的评价，一心想着把自己塑造成一个让别人看来完美无缺的样子，可这时候却发现，自己已经没了自我。

试想一下，当你不小心摔了跤，如果先想到的不是自己的伤痛，而是摔倒的姿势在别人眼里是不是很滑稽可笑，那这种想法是不是让你很累？或者，当你遭到领导的批评和指责，不是积极地考虑改正错误的方法和策略，而是想着同事们怎么看自己、会不会嘲笑自己？这样，我们又怎能进步呢？

没有人能像孙悟空那样三头六臂，也没有人像常胜将军那样战无不胜，既然这样，就不可能让所有人都看得起。与其在他人的态度里失去自我，还不如释然一些，做一个坚定自我的人。

当你坚定了这样的信念，你就会从容淡定地经历所有快乐和不快乐、顺利和不顺利的事。

拿破仑的妻子玛丽女士本应风光无限，但她并不快乐，因为她个子不高，只比拿破仑高半英尺；身材不够好，体重是玛丽莲·梦露的两倍。最让她难过的是，她长得不漂亮，和其他贵妇人站在一起，简直暗淡无光。为此，她总感到有人在嘲笑她。

为了让自己变得“养眼”一些，玛丽特意跑去美容院整容，但美容师很肯定地告诉她，再怎么做，也不可能把她的脸变成杰作，这让玛丽心里装满了羞辱和难堪，以至于她不敢去公众场合，害怕别人将目光聚集在她身上，害怕别人对她指指点点。

一次，玛丽正带着郁闷的心情一个人去广场散步，在那里，她看到了一个矮小而肥胖的老女人，尽管她的外表让人不敢恭维，但这位老女人看起来非常高贵，脸上擦着厚厚的粉脂，嘴唇上抹着鲜红的唇膏，全身都是名牌装扮，佩戴着粉红色蝴蝶结的晚礼服、高高的白色的帽子、黑色的长筒手套，手里还拿着一根尖头手杖。

因为身体过于肥胖，这支手杖要支撑很大的力量。突然，手杖的尖头深深戳进了地面夹缝中，那个老女人便用力地往外拔，因为用力过猛，她的身体失去重心，整个人趔趄地跌倒在地上，样子看起来很是狼狈。

对于这位女士，玛丽不禁有些同情，这个人在大庭广众之下出了这么大一个丑，心情一定很沮丧。又想，尽管她穿着一身华丽的衣服，但她没给人留下风度翩翩的好印象，所以还是个让人瞧不起的失败者。

然而，就在玛丽以为这个老女人会掩着脸而躲避众人嘲笑的目光时，老女人却缓缓站了起来，还对向她报以同情目光的玛丽笑了笑，说：“瞧我不小心的，摔了个大跟头。”说完，还冲玛丽做了个鬼脸。

玛丽看着老女人缓慢地起身，优雅离开的背影，顿时感到十分惊奇，她想不通为什么她没有表现出应有的愤怒和沮丧。回家的路上，她突然意识到：没有人一直注意到你的所作所为，也没有人会无缘无故瞧不起你，很多感觉其实都是自己心里的“鬼”在作祟。

从此以后，玛丽开始调整自己的心态，她不再过多地考虑别人对自己的看法，不会因为别人的嘲笑或轻视而闷闷不乐。渐渐地，她活得越来越轻松、越来越快乐。她彻底想明白了，学会释然，让内心变强大，才能不受到流言蜚语的伤害，才能活得幸福。

活在他人眼里的心态让玛丽品尝不到快乐，而当她学会释然、内心变得强大起来后，便不再在乎他人的评价，只为自己而活。

作为芸芸众生中的一员，我们同样不必太在意别人的看法。退一步说，即便我们真的被人瞧不起，世界又有什么不同呢？假如在别人看来你不够努力，那你就想办法克服懒惰、勤奋起来好了。如果别人因为你没把工作做好而嘲笑你，那么你就多向能者学习，争取把工作做好就是了；或者别人因为你长得上不了台面而讥讽你，那你就更不必自惭形秽了，你可以用出色的成绩弥补自己的不足，为自己挣足面子。

著名思想家培根说过：“心中有朝霞、露珠和常年盛开的花朵的人便是美的。”就是劝诫我们，不要太计较别人是否冷漠，只要你以一个欣赏的目光看待事物，你的身边便处处是美景，你将会一直生活在温暖之中。法国作家大仲马又说：“人生是用一串串无数的小烦恼组成的念珠，乐观的人是笑着数完这串念珠的。”我们何不把别人的轻视、冷漠和嘲笑看做心头的一串串念珠呢？不是自怨自艾，而是微笑着将它们数完。

坚信事情会改观，就能活得更快乐

“人生的道路都是由心来描绘的。所以，无论自己处于多么严酷的境遇之中，心头都不应被悲观的思想所萦绕。”的确，世事无绝对，利与弊交错其间。只要你持有坚定的信念，相信事情会向好的方向发展，那么就永远不会有“完蛋”的那一天。

“完了，完了!”这是一句在我们耳边出现频率颇高的口头禅，说不定你或者我也有这要的口头禅呢!

确实，很多人在遇到不如意的事的时候，就会心生懊恼、情绪烦躁，不自觉地就喊出这句“完了，完了”。

那么，这样的做法能对最终的结局产生什么作用呢？不客气地说，只会让情况变得越来越糟，从而使自己真的“完了”。

其实，所有的事情都没有绝对的好和绝对的坏，就如前面章节中我们提到过的“塞翁失马”，谁也不能确定一件“好事”必定是100%的好事，同样，谁也不能认为一件“坏事”就完全是坏事。

实际上，多数时候，事情的好与坏就在于我们的内心相信什么，是以绝望的心态来看待，还是以希望的心态来看待。也就是说，好事情与坏事情只在于我们的一念之间。

王晓宇和路青鹏都效力于某机械公司。由于公司经营不善，必须要裁掉一部分员工。其中，王晓宇和路青鹏都被列入了解雇名单里，一个月后离职。

两个人都算得上公司的元老级人物了，这次被解雇，主要是由于他们学历比较低，而且年纪也大了。

当得到这一消息的时候，王晓宇心里很是绝望，他不知道下岗后的自己将来还能不能找到一份养家糊口的工作，为自己伤心，他逢人便说："这下我完了，我在公司待了这么多年，居然不等我退休就把我裁掉了，我以后可怎么过啊！"不但不停地唠叨、诉苦，王晓宇还把气撒在一起共事的年轻同事身上，工作起来也不像以前那样认真，而是敷衍了事。

同样被列入解雇名单的路青鹏也非常难过，但是他的态度却和王晓宇大不一样。对于工作，路青鹏的想法是：没什么大不了的，现在自己年纪大了，学历又不高，公司经营也不景气，我还是把位置留给年轻人吧。再说，自己也可以好好休息一下。

不仅如此，路青鹏还觉得自己应该珍惜最后这一个月的时间，要站好最后一班岗，因此，他尽量地把自己的一些经验传授给年轻的同事们，而且在工作上一点儿也不马虎。

转眼一个月的时间过去了，令众人没想到的是，王晓宇因工作做得糟糕而按期离职，而路青鹏却被老板留了下来，还提拔他做了部门副经理。

对此，老板给出的理由是："像老路这样忠于职守、对工作认真负责的员工正是公司需要的、我最欣赏的，我怎么舍得他走呢？"

可见，什么事都不一定是一成不变的，那些消极的人总是绝望得最快，从而为失败埋下伏笔，而积极的人则是凡事往好处想，结果自然是为成功做好了铺垫。故事中的王晓宇和路青鹏正是一反一正两个典型的代表。

有着"经营之圣"之称的日本著名企业家稻盛和夫曾说过："人生的道路都是由心来描绘的。所以，无论自己处于多么严酷的境遇之中，心头都不应被悲观的思想所萦绕。"

因此，在面对生活中的所有问题时，我们都应当尽量往好处想，只有这样，我们的心才会豁然开朗，也只有心里那片天空晴朗了，我们才有力量创造条件、战胜接踵而来的问题。

在某个小村庄里住着一位快乐的百岁老人，他经常对别人说的一句话是："人的一生不可能什么事都随自己的心愿，既然已经发生的事实不可改变，那么你唯一能控制的就是自己的想法。我可以肯定地告诉你，凡事多往好处想，任何事情都是好的。"

有个因恋情和事业都不如意而到当地旅游的小伙子对于老人的一番谈话很是诧异，便问道："假如您一个朋友也没有了，您会认为是好事吗?"

老人回答说："当然，我会高兴地想，幸亏我没有的是朋友，而不是我自己。"

小伙子笑了笑，接着问道："那当您走路时突然掉进一个泥坑，弄了一身泥泞，您会认为是好事吗?"

老人回答说："是呀，幸亏我掉进的是一个泥坑，而不是无底洞。"

小伙子又问："如果您遭遇了车祸，撞折了一条腿呢?"

老人家说："大难不死必有后福，有什么不好呢?"

小伙子最后问道："假如您马上就要失去生命，您还会认为是好事吗?"

"当然，我高高兴兴地走完了人生之路，说不定要去参加另一个宴会呢。"

老人的一番回答让这位年轻人如醍醐灌顶一般，他反思自己，虽然失去了一段美好的恋情，虽然还没有创立理想的事业，但是自己不是还有很多东西吗？比如硕士学历、年轻的身体、奋斗的勇气……

其实，正如这位老人话语中所透露出来的，世界上的很多事都是既有利也有弊，事情本身并无所谓好坏，全在于我们怎么去看。我们只有心怀希望，凡事多往好处想，才会发现自己所认为的坏的事情远没有曾经想象的那么糟糕。

俄国作家契诃夫写过一篇文章叫做《生活是美好的》，在里面有这样一段文字："要是火柴在你的衣袋里燃烧起来了，那你应当高兴而且要感谢上苍，多亏你的衣袋不是火药库。要是有穷亲戚到别墅来找你，那你不要脸色发白，而要喜洋洋地叫道：挺好，幸亏来的不是警察……”

契诃夫说得很对，那么我们仔细想一想总觉得困惑，自己的遭遇，是不是觉得生活有所转变呢？

碰到不快乐、遭遇不顺利，我们与其绝望悲哀，与其愁苦自怨，倒不如换个角度、换个思维，凡事多往好处想，那么心情自然也就会跟着转变，如此，我们不仅可以将不幸所造成的损失或带来的后果降到最低，还有可能影响事物发展的方向、改变自己所处的不利处境。

当然，我们提倡凡事多往好处想，并不是告诉大家要盲目乐观，而是让你学会以一种豁达乐观、相信自己的人生态度去面对一切的困难。只有抱有这样的态度，你才能够把握人生的主动权，才能创造更加美好的明天。

只要心不变，一切就都不会变

当烦恼悄悄来到我们身边，是因此而患得患失、内心起伏纠结，还是能从容淡定、临危不乱，完全在于我们有怎样的态度。只要平静面对，一切就仍然都是原来的样子。

“平静的生活是生命中最奢侈的状态。”一位颇具魅力的男演员在一次颁奖典礼上这样说道。这句话也深深地扎进了我们每个人的心坎上。的确，谁都渴望平静如水的日子缓缓流淌，而不希望波澜起伏的风浪来打扰，但是生命似乎总是愿意和我们开玩笑，时不时就打破了原本的平静。于是，平静便成了奢侈品。

难道我们就任由生活的风浪为非作歹吗？

也许你会说，那有什么办法呢？很多事情我们没办法控制呀？没错，客观的事物我们是没办法控制，但是我们却可以控制自己的内心。倘若我们能做到“不管风吹浪打，胜似闲庭信步”，那么一切的波澜就难以引起我们心灵这片大海的浪涛了。

国内一所高校的美术学院举办了一次特殊的书画比赛，以平静祥和为主题，谁画出的画最能代表此意象，谁就赢。

比赛吸引了很多学生参加，学生们纷纷创作了作品拿去一比高低。在参赛的作品里，有的学生画静静流淌的小河，有的学生画日落时候的森林，还有的学生画清晨花瓣上的露珠。

院长一一看过所有的参赛作品后，只选出了两件作品来角逐。这两幅画中，一幅画的是一池清幽的湖水，湖周围是高山和蓝天，蓝天中随意地点缀着几朵白云，平静的湖边还坐落着一座小木屋，袅袅的炊烟从房顶上升起；另一幅画的则是几座陡峭嶙峋的山，山峰孤傲尖锐，天空一片阴暗、雷电交加，暴风大雨肆虐，充斥着整个画面。

让人没有想到的是，院长最终把第一名颁给了第二幅画的创作者。大家非常疑惑，要说谁最能体现平静之意，乍一看，肯定是第一幅画，第二幅画完全就是与平静相反的意境。

当院长提醒大家仔细看第二幅画时，大家这才发现，原来在那堆险峻的山石中有个小缝，缝里有个鸟窝，窝里有只燕子，尽管周围急风暴雨不断，非常不平静，可那只燕子却一直安静地蹲在自己的窝里。

院长随后解释说：“平静祥和并不只是存在于没有噪音、没有艰险、没有挣扎的地方。即便身处逆境也能保持内心一片平静清澈的人也能给我们以平静祥和之感，这同时也是宁静的真谛所在。”

看得出，这位院长对于人生的彻悟有着很高的境界。他懂得，平静不是只有身处世外桃源时才能做到，更多的时候，平静是我们的一种心态，是一种不被外界所打扰、坚守内心和自我的一种宁静姿态。

或许这样的姿态在顺境时很容易具备，但让我们常常难以控制的则是身处逆境的时刻，这时候，如果拥有不被困难和挫折所撼动的平静心态，我们才是真正的强者，才能尽快战胜磨难、走出困局。正如那句话说的那样："心不变，万物皆不变。"只要我们的心不变，任外界如何纷扰，我们也不会被其所动，事情也会渐渐得到好的转机。

相反，假如我们没有保持住内心的平静，受到了撼动，那么我们很容易就会跌入失落、彷徨、不安、忧虑的深渊，对生活失去了方向，甚至对自己的人生都失去了信心，整日活在患得患失的状态下，生活渐渐便会失去色彩。

一次，一位母亲在做饭的时候发现家里的酱油用完了，便吩咐十岁大的女儿去街边的商店里买一瓶回来。在孩子出门之前，妈妈一再嘱咐她要小心拿好酱油瓶，别把它给打碎了，否则就教训她。

小女孩家离商店并不远，走路十分钟就到。她飞奔到商店买好酱油之后，把酱油瓶紧紧地攥在手里往家赶。一路上，她都在想着临走时妈妈的警告，越想越紧张酱油瓶会被自己打碎。她的眼睛始终不离手中的酱油瓶，每走一步都非常小心，丝毫不敢东张西望。紧张焦虑的她突然觉得脚下的路变得异常的漫长，似乎怎么走也走不到家。

当她走到一个拐角处，就快到家的时候，从拐角的另一端突然冲出来一辆骑得飞快的自行车，小女孩被吓了一大跳，躲闪不及之际，手中的酱油瓶便滑落了出去，重重地摔在了地上碎裂开来，酱油也洒了一地。

小女孩沮丧地回到家，把实情告诉了妈妈，妈妈非常生气，责怪她笨手笨脚。小女孩像泄了气的皮球，难受地抽泣起来。爸爸见状，便吩咐她再去买一次酱油，可是小女孩经过刚才的失败，已经失去了信心，觉得自己根本做不好这件事，不肯再去。

爸爸说道："你还记得那天在电视上看的走钢丝表演吗？其实那些人在走钢丝的时候是不看钢丝的。这次你去买，在回来的路上，眼睛不要总是盯着酱油瓶看，可以顺便看看路边的风景，回来告诉我你都看到了些什么。"

小女孩在爸爸的鼓励下决定再尝试一次。这次，她听从爸爸的建议，一路上看了看路边的大树、跳皮筋的小伙伴们还有邻居姐姐手里牵着的可爱小狗。就这样，小女孩不知不觉中就安全到了家，把酱油瓶完好地交到了妈妈手里。

虽然是发生在孩子身上的一个故事，但却是我们很多成年人的真实写照。当我们越是担心某件事的时候，越容易出差错，当我们放下那些忧虑，做到内心平静的时候，事情反而会朝着好的方向发展。

因此，不管外界给我们带来什么样的风雨，我们都应该尽量保持内心的平静，淡定去面对，才能让内心那份自信不被动摇。

下定破釜沉舟的决心，才能创造更多传奇

每个人都有着一定的潜力，而每个人的潜力却又都是充满弹性的。因此，只要你敢于挑战，就很可能产生超乎常规的力量。正所谓“背水一战，破釜沉舟”，这样做就是给自己断了后路，不断让自己与自己竞争。

做一件事，我们常听到过来人的告诫：给自己留点儿退路，别光顾了向前冲。

这种认识真的正确吗?

其实未必如此。有科学研究证明：当一个人处于危险境地的时候，其身体就会分泌出大量的肾上腺素，这种成分可以让人在短时间内跑得更快、跳得更高、力量更强。

我们做事的时候虽然不会遭遇大自然中的豺狼虎豹，但同样是在一个充满着竞争和角逐的环境里进行着。通过上面的阐释可以看出，当我们为自己掐断退路的时候，我们就会有更大的前进的动力，也就有更多的成功的机会。这正如我国古代军事家孙武说的那句“置之死地而后生”，说的就是这样的道理。

当然，在现在这个和平年代，我们固然不必去战场上奋勇杀敌，但是当我们遭遇命运赐予的无法承受的委屈和痛苦时，我们同样可以想想这句“不让自己留有后路”，也许它会帮助我们重新“站立”起来，激励我们更加用力地去开拓崭新的生活。

有一个人独自去沙漠中旅行，遗憾的是，他不小心迷失了方向。长时间的缺乏饮水，让他饥渴难耐。

此时，他心里隐隐透出了绝望的情绪，不过他还是拼尽最后一丝力气向前走去。就在他快要撑不下去的时候，奇迹出现了，前方的一座小屋出现在他的视野里，这一点小小的发现让他重新充满了力量，以最快的速度走了过去。

进去后，他最希望看到的就是救命的水。可是，映入他眼帘的却是一台抽水机，不过这也足以让他为之兴奋了。

他走过去看了看抽水机，然后努力地上前汲水，可是怎么也抽不出水来。正在这时，他发现抽水机旁边有一个不显眼的小水壶，水壶上面贴了一张纸条，纸条上写着这样一行字：必须把水灌入抽水机，才能饮水。不要忘了，走的时候，请将水再次装满！

顿时，这个人心里开始打起鼓来，心想：如果能抽出水当然好，但要是没有抽出来，这壶宝贵的水岂不是要白白浪费?这个房屋这么久没有人到来，不知道这里的情况是否有改变，如果自己将壶中的水喝了，还能暂时解决一下干渴。

反反复复考虑了很久，这个人最终还是决定把水倒进抽水机里，因为他明白，即使带着这壶水还是无法走出沙漠，倒不如把水倒进里面，说不定还能获得新生。

令他喜悦的是，没多久，抽水机里流出了清冽的水来，他不但痛痛快快地喝了个够，还把壶重新装满水，然后放上那张纸条。随后，他带足了水离开了。最终，他顺利地走出了沙漠。

在他之后，又有一个独自到沙漠旅行的人，当他迷失在这片沙漠的时候，也发现了这个小屋子，和先前那个人一样，他也注意到了饮水机和小水壶以及小水壶上的纸条。

但是这个人的想法却和前一个人大相径庭，他心想：这地方连个人影都看不见，谁知道这张纸条是什么时候贴上去的，万一是假的，那我岂不是真的要渴死了吗？

就这样，这个人在考虑一番后，最终决定给自己留一条所谓的“后路”，他没敢把水倒进抽水机做“引子”，而是带上那一小壶水离开了。最终，他未能走出那片沙漠。

同样是一片沙漠里的饥渴者，同样是面对一壶水，两种不同的想法造成了截然相反的结果。

诚然，我们在面临决策的时候也常常产生迟疑不决的心理，但是，我们不能光想到眼前的一时之需，而应大胆地掐断所谓的后路，凭借自己的智慧和勇气大胆地奋力一搏。

现实生活中，那些没有胆量断决后路的人，其最终虽然可以得到一些小的利益，却失去了得到更多收获的可能；而那些因为有胆量去面对生活挑战的人，在进行一番考虑之后，总是大胆地进行抉择。因此，生活回报给后者的往往是一个崭新的未来。

十年前，一位叫陈明甄的重庆女孩，由于高考失利，最终与“象牙塔”无缘。她的父母觉得女儿没考好主要是没发挥好，复读一年再考肯定没问题。但是，陈明甄没有接受父母让她复读的建议，而是只身前往福建厦门打工，不久后，她在一家贸易公司做了业务员。

由于勤奋努力，又加上头脑灵活，几个月之后，陈明甄就取得了比大多数同事都好的业绩，深得领导的器重，碰巧赶上业务部经理要借调到分公司任职，而陈明甄就顺理成章地坐到了部门经理的位子上。这一干又是两年。通过几年的打拼，陈明甄在自己所从事的行业中站稳了脚跟，有了一份让别人羡慕的生活。

到了2006年初，陈明甄的一个朋友想约她一起创业，而且要回老家重庆，因为那个朋友也是重庆人。经过一番深思熟虑，陈明甄决定放弃目前看起来不错的工作。离职时，她这样跟老板说："老板，您当年也走过这样的一条路，所以才有了今天的成绩。所以，现在的我也要拥有那种破釜沉舟的勇气，打造一段属于我的人生!"陈明甄的话感动了老板，老板欣然应允，让她回家乡创业。

到重庆后，陈明甄一天都没有休息，就开始寻找投资项目，终于在一名贵人的扶持下，陈明甄建立了一家网络传媒公司。公司里繁杂事务的忙碌并没有让陈明甄忘记给自己充电，她一边经营公司，一边在当地一所大学进修广告学。曾经期待中的美好感觉还未出现，公司经营中的各种问题却接踵而来，不到半年，她的网络传媒公司亏损严重，陈明甄也觉得筋疲力尽，甚至开始后悔自己当初的决定，打算放弃看不到光明的网络公司。

但是，经过半个月的休息和调整，那个打不垮的陈明甄又回来了，她想：既然自己喜欢广告这个行业，就应该不留退路地走下去！于是，她重新振作起来，先后到几家广告公司挂职学习。最后，陈明甄倾尽所有家资，在2010年10月再一次创办了一家广告传播有限公司，这一次，她汲取了曾经的经验，也吸收了曾经的教训，很快经营稳步进行，她的公司逐渐在同行业中站稳了脚跟。每当开公司例会，陈明甄看着朝气蓬勃的职员，常会感叹："要想真正地获得成功，你就应该破釜沉舟、不留退路地走下去!"

我们常说"有压力才有动力"，像上述故事中陈明甄所采取的这种破釜沉舟、不留退路的做法正是在给自己施加压力，逼迫自己在财富的路上奋力前行的标杆。

其实，不管是谁，也不管其有着怎样的机遇和背景，要想成就一番事业，都离不开一心一意、全神贯注地朝着既定的方向前进。因此，当你在奔向目标的过程中产生惰性、害怕失败时，不妨为自己掐断退路，逼着自己全力以赴地寻找出路，只有这样，才能赢得出路、走向成功，收获属于自己的辉煌。